申度筑境

TO MATERIALIZE INNOVATIVE CONCEPTS

——申作伟建筑创作实践

申作伟 著

中国建筑工业出版社
CHINA ARCHITECTURE & BUILDING PRESS

申作伟

教授级高级建筑师

享受国务院特殊津贴专家

国家一级注册建筑师

国家注册规划师

香港执业建筑师

当代中国百名建筑师

APEC 建筑师

山东大学、山东建筑大学客座教授

山东省首批工程设计大师

现任山东大卫国际建筑设计有限公司董事长兼总建筑师

序

我与申作伟先生相识近十载，他是一个有思想、有魄力的建筑师。多年来，他带领着一支优秀的设计团队，孜孜不倦地奔走在建筑创作的道路上。建筑这条路坎坷和磨难时时相伴，一份热爱和坚持是最难能可贵的初心。

申作伟从事建筑创作已有三十多年，他敢于推陈出新，创作实践了很多优秀项目，尤其擅长新中式建筑类型。其中，北京优山美地·东韵生态小区、长沙大汉汉园·果园里的中国院子让我印象尤深。这两个项目的创作跨度有十余年之久，但从空间布局、建筑形体、色彩搭配等多方面，都体现出了一个建筑师的执着和对品质的追求。随着近年来我国对文化自信、建设文化强国战略的推动，打造适合国人生活方式和人文情怀、具有中国本土特色的现代居住空间的诉求不断提升，在继承传统居住文化的基础上进行再创造已成为一种创作方向。对此，申作伟创作的新中式建筑作品对探索中国本土特色的建筑创作之路起到了探索和推动作用。

Foreword

《申度筑境》这本书对新中式建筑创作方法和路径进行了总结和归纳，提炼出基本规律，形成了相应的理论支撑。书中结合申作伟多年的案例经验，如红嫂纪念馆、临沂大学图书馆、鲁能中心、沂南汽车站、青岛财富中心等，从地域特色、传统风格、现代风格等多个层面切入，完成度都比较高。本书收录了多篇他在《建筑学报》等专业期刊上发表的学术论文，让读者得以紧随他游走在历史与现代思绪中的跳跃，把握他创作时的心态和文化脉络，也从他的思想和创作中再次感受新中式建筑的生命力所在。

孟建民

2019 年 8 月

前言

从 1981 年学习建筑开始，至今已有 38 年的时间了，从一个普通学生成长为一家全国“设计百家名院”的带头人、总建筑师，怀揣的那份初心是什么？如何坚守这份初心并走出一条创作之路，当年轻时的那份梦想逐步实现时，的确需要记录下来，让年轻的学生，让有志于从事建筑设计的读者，让那些同样走过这个时代的从业者有一份参考。于我而言，可以有一份回忆，它像个坐标，也是块小小的基石，愿与更多的读者产生共鸣。

Preface

希望这本书能让读者了解这个时代的创作概貌，了解新中式建筑创作发展过程中的一个片段和方向探索之路，了解文化的力量，尤其是建筑文化，作为人们生活中的载体所扮演的角色。

根植于本土文化，将历史的片段、符号、情愫重新组合演绎后，凝固在那片瓦、那段墙、那个院落、那种氛围中是一种愉悦的过程，将这个过程记载下来自己回味也供读者品味，但愿读者能咀嚼出些许滋味，能有些营养。“风”是我的主要创作方向，也是风格，更是写作此书的初心。

这些年来，创作的领域不断扩展，文化类建筑如何巧妙地运用那些抽象的或具象的符号，如何从生活中的点滴、事件开始，从场地的特殊性中提炼出灵感，变成创作的动机也需要总结和记录，在此罗列若干案例组成“雅”这个篇章，以飨读者，这也是写作的动机。

城市发展的步伐越来越快，那些高楼大厦，那些地标建筑，每一个矗立起来都充满了故事，集结一章，谓之为“颂”，也是为了歌颂这个伟大的时代。

“朴”这一章节是将这些年来新中式居住建筑的创作案例汇集于此，从低层到高层，从街区到院落，展现对于普通住宅的关注。

“趣”是对几个建筑小品，对小场地的处理手法的创作过程进行回顾，也的确是件有趣的事情。

林林总总，给读者当个导读，也把写作此书的构想和盘托出，希望合读者的口味。若能收获大家的意见与建议，将不胜感激！

申作伟

2019 年 5 月

目录

序 /（孟建民）…… 004
前言…… 006
综述：申度筑境…… 010

实践…… 014
风…… 014
优山美地・东韵住宅 A 区、C 区 …… 017
大汉・汉园：果园里的中国院子…… 051
中国红嫂革命纪念馆…… 091
沂南客运中心…… 099
聊城・东昌首府…… 109

雅…… 126
聊城・名人堂…… 129
临沂大学图书馆…… 139
临沂美术馆…… 149
山东临沂银凤陶瓷民俗艺术博物馆…… 157
威海革命烈士纪念馆…… 163
青岛游艇俱乐部…… 173
青岛理工大学黄岛校区规划…… 177
临沂党校…… 185

颂…… 190
龙奥金座…… 193
北京泰山大厦…… 201
青岛财富中心…… 205
鲁能中心…… 209

Contents

银丰财富中心…… 217
临沂市河东区政府…… 225
山东省临沂市农林局办公楼…… 233

朴…… 236
临沂海纳曦园生态住宅小区一期…… 239
河南鹤壁东方世纪城…… 247
山东高密豪迈城市花园…… 253
邹城鸿顺　御景城小区…… 261

趣…… 266
山东潍坊北斗置业展览馆…… 269
济南唐冶生态谷…… 277

品谈…… 282
中小城市建筑设计的继承与创新——陶然居大酒店设计新思路…… 284
对建筑创作的理解…… 288
新型双出入口住宅模式探讨…… 300
从“拯救”到“逍遥”——论路易・康的历史地位…… 302
建筑的地域性与建筑设计创作——山东沂水沂河山庄建筑设计随笔…… 306
优山美地・东韵住宅小区…… 310
临沂大学图书馆绿色设计探讨…… 314
绿色建筑设计的探索——三星级绿色建筑“龙奥金座”设计…… 320

后记…… 326
年表…… 330

综述：申度筑境

1981 年，怀揣着对未来的梦想，我参加了那年的高考，进入到这个值得终生探索的领域——建筑设计。

我自小生活在北方鲁南地区的一座小四合院里，受儒家文化的影响，这里的人兼有内敛含蓄和豪放热情的特点。每天，走在大街小巷的石板路上，石板在脚下咯咯作响，两侧是砖石筑成的北方民居，朴素稳重。我喜欢将这些用绘画表达出来，石板上、学校的宣传墙上，到处都有我的“画迹”。这些童年的印象，也影响了后来我对设计和建造的理解。

初学：大学期间，我专注于中国传统文化书籍的研读。中国传统建筑一院又一院层层深入的空间组织，散发着独特的艺术魅力，其独有的木构架形式体现着特有的中式榫卯艺术；中国的造园艺术是五千年历史的沉淀，用自然山水表达诗情画意。我沉迷陶醉在中国传统文化独有的空间与意境中。大三时，偶然从报纸上得知全国设计大赛征集作品，我仿佛找到了属于我的天地，我要通过设计竞赛来表达我对设计的理解。暑假里经过 18 个日夜的忘我奋战，拿着成图走出教室的那一刻，我欣喜的同时内心也充满成就感，最终。我获得全国排名第十一的成绩，初尝胜果的经历极大地鼓舞了我，让我对设计的探索更加坚定与痴迷，这种苦涩而甜蜜的历练也隐隐地注定了我日后个人的发展方向。

探索实践之初：毕业分配工作后，我回到了自己的家乡山东省临沂市，从事设计工作，开始在实践中探索中式建筑之道。那个年代，大家对现代建筑的理解是“越高越好”，“越大越体面”，认为单体建筑的高大是实力的象征，因此，设计界模仿、照搬之风甚盛，中国的大城市争相模仿西方先进国家的城市建筑风格和表皮，当时的小城市也以模仿大城市为荣，而城市的历史文化演进和地域环境特征，鲜少被考虑。我对那种“时髦”深不以为然，继而尝试用设计来呼吁和表达我自己的观点。在 20 世纪 80 年代末临沂市“陶然居”酒店的设计中，我运用中式园林的层进格局，将中国传统空间处理手法贯穿其中，提出“道空间”的设计理念。项目建成后获“全国优秀中小型建筑设计佳作奖”，成为临沂市最受顾客喜欢的酒店之一。从“陶然居”项目开始，我走上了对传统与现代、继承与发展的创作实践之路。

Review

深度探索实践：1997 年初，我被调至山东省城乡规划设计研究院任院长兼总建筑师，成为全国省级规划设计院最年轻的院长，眼前一片锦绣。这之后的大半年里，我一度陷入苦恼：心里追寻的建筑梦想与繁重的经营管理的工作出现冲突，继续自由设计之路还是在行政之路上前行？我深感困惑，但有一点我坚信：只有在设计创作时，我的整个身心才是激动的、燃烧的——我可以为了反复推敲一个功能问题不眠不休，可以为一个建筑造型问题扔满一地的草图纸，我心里的梦想越来越清晰——走自己的创作之路，哪怕是前路漫漫，困难重重。1998 年底，我递交辞职书，创办了山东大卫国际建筑设计有限公司，从此，带领我的团队在新中式建筑的探索之路上，越走越清晰，新中式建筑建筑设计成为我为之努力创作的方向和目标。

在国内住宅商品化的大环境下，居住建筑成为我的主要研究内容。中国人要住在什么样的房子里，要生活在什么样的微观环境中？我们的心中，有着对“天人合一”的深深眷恋。明代文人程羽文曾有诗句：“门内有径，径欲曲；径转有屏，屏欲小；屏进有阶，阶欲平；阶畔有花，花欲鲜；花外有墙，墙欲低；墙内有松，松欲古；……”中国人对于居住空间的情节，在这首诗里展现无遗。然而，在大规模的城市化进程中，曾经的居住环境由于种种原因不符合城镇化的需求，被彻底抛弃，各地都以欧陆风建筑展示现代化姿态。民居仿佛已被岁月压扁，退缩成印在邮票上、镶在相框里的“文化遗产”。对我来讲，对中式建筑的执着和对中国文化的自信，没有让我迷失，我尝试把中式居住理念融合在现代居住建筑的设计中。2001 年，我接手设计北京优山美地居住小区项目，当我把“新中式现代庭院”的最初创意勾勒出来时，那份激情和饱满的创作情绪，很久难以平静下来。在这个项目创作中，我尝试去颠覆人们印象中老宅院的肃穆压抑之感，试图用现代的建筑材料，结合现代的居住功能空间，用精简后的中式构造艺术，实现对土地的依恋、对风水地气的讲究，从而使各级院落、街巷有序而和谐。项目一推出，立刻受到各界的广泛关注。优山美地先后获得“中国人文精品大院”的荣誉，住建部优秀勘察设计一等奖及国家优秀工程设计金奖。这些荣誉的获得，印证了我对传统文化艺术的执着是正确的。将传统美学与现代技艺结合，用新的科技手段，赋予空间以诗意，实现现代建筑空间的“气韵生动”，这就是我所追寻的“新中式”建筑之道。这个项目的设计成功，更坚定了我的探索与研究方向。

继优山美地之后，国内也开始有越来越多的设计力量投入到对中国传统文化的继承与创新工作中，我的团队也接触到了更多的新中式建筑的设计实践，我对新中式创作之路更加充满信心，也掌握了更多的设计方法和理论基础。2011 年，受湖南大汉集团委托，我主持设计长沙“汉园”项目。这是一处由千亩果园环绕的住宅小区，基地内还有大片水域，地理环境造就人文特质，可谓喧嚣城市中的一片净土。湖南民居和北方民居相比，轻盈灵巧，色彩清净素雅，坡屋面多方向出挑以利于排水和保护墙面。汉园设计的关键在于果园环绕下的这一处风景与建筑的生动融合，我在规划中保留了原有的地貌，将建筑嵌入自然，提炼当地民居的建筑特征为语言，梳理当地民居的建造逻辑为脉络，营造房屋内院的风景、气韵，由外而内，再由内而外，以虚补实，把民居的天地观、院落观融入现代建筑空间中。居于此，可于百果园中悠然自得，此谓“果园里的中国院子”。

在山清水秀的沂蒙山区，孕育着数不清的传奇故事。这里的马牧池常山庄，是沂蒙革命根据地的中心，也是“乳汁救伤员”的红嫂原型——明德英的家乡，至今保留着抗战时期的古村落风貌。漫步常山庄，我被这里的古朴所感动。沂蒙红嫂纪念馆要表达的情境，是希望人们对战火纷飞的年代里的那份艰苦卓绝、那份人性的伟大能够感同身受。多次踏勘搜集古村肌理、建造脉络后，我就地取材，在原有民居的基础上进行修缮。功能上，利用一家家的院落重新组织参观流线；梳理出一条有序且层层递进的展览流线；形态上，用“干插墙”、“小帽头”、“团瓢”等村里特有的建筑元素，保留原始的生活场景。人们漫步其中，听着发生在这里的感人故事，将常山庄的民居特色保存，也就是将历史场景保存，而这个场景，就是特有的、感人的、有教育意义的情愫空间。建成后，该地成为沂蒙红色教育基地。

在沂蒙大地，还有一些姿态奇特的“崮”。它们山顶平坦开阔，峰巅四周峭壁陡立像斧劈刀削一样。陡峭的四壁下，山坡逐渐变缓过渡到山脚下，临沂大学图书馆即取意于此。建筑以“山”的形象融于高低起伏的校园中，室内空间与室外空间层层递进，渗透于自然中，如山体生长般实现了建筑与环境的共生。沂蒙山质朴浑厚、自强不息的性格，通过建筑的存在，明确地表达出来，感染着学子们。书山有路勤为径，只有沿着台阶一步步登上顶点，才会见到最壮丽的风景。

山东鲁能中心，在二十年前，也属于城市大型建筑了。用地旁边是高层电力大厦和一栋百年德式小洋楼——汇丰银行，一个是新建的高层办公大楼，一个承载着济南这座城市的建筑文化记忆，二者似乎在时间和空间两个维度素不相识。鲁能中心出现后，三者所产生的情境又应如何呢？我决定将鲁能中心以裙房的形态来补充电力中心大楼和汇丰银行之间的陌生空间，以一个顺滑的圆弧形楼体，让出一个城市小广场，顺着这段弧体的方向，汇丰银行承载着百年记忆静立。三者自此相遇相识，共同诉说着济南这座城市的故事。每一位济南人，在这里感受古今相遇的建筑故事，回味这一片土地的历史变迁。这也是我对城市空间的理解——建筑围合出的空间产生城市的情境。

实践感悟：回顾在新中式建筑道路上的经历，翻阅 20 年前发表的一篇对陶然居酒店的总结文章，当时文中引述路易斯·康的一段话，重新读来，感慨系之。这位世界著名建筑大师在描述建筑师的设计创作时，用了两个很形象生动的词："静谧与光明"。他将建筑解读为可度量的与不可度量的结合，将建筑设计师不可度量的意志或曰创作欲望与追求称之为"静谧"，而将付诸实现可以度量的建筑设计成果称之为"光明"，建筑设计就是从"静谧"走向"光明"的过程。在"静谧"与"光明"的二元性之上，是一体，即建筑物的实现——实际的建筑物，而一体之上还有什么？康称之谓"道"——我将其理解为建筑所蕴含的建筑师对大千世界的本质、规律的认识，即建筑相对于其物质技术层面的人文精神表达。这一点和中国传统文化是相通的。中国文化讲究"美在意境，源于心境"，意境之美在于心灵的无限回溯，一片枝叶、一块石头、窄窄的小巷、一处静静的月亮门、婆娑起舞的竹子后的一处围墙、屋顶上浸润了岁月的瓦片……无不让人心中漫起情思，追溯人心本源，此时似乎已超脱于世外，得到精神上的极大满足。中国深厚的文化就这样渗透到建筑空间中，天地、风水、院落、轴线、虚实……以虚见实、意境深邃。

回到自身，"思古之情，求新之念"依然不变，新中式建筑的探究之路依然错综复杂、漫长曲折。由传统而出新，是我在设计实践中的追求和理想，畅游于传统和现代之间，以平和自然来展现现代建筑的空间和形态；以匠艺之心，用现代的砖石、玻璃和钢筋混凝土，精心打造院落空间意境，让现代人的心灵获得一份沉静和自然。为这份理想，理应继续追寻下去。

实践·风

ARCHITECTURAL WORKS

优山美地·东韵住宅 A 区、C 区

地点：北京市顺义区
设计时间：2002 年
完成时间：2006 年
建筑面积：211547.41m^2

继承 创新

优山美地 · 东韵住宅 A 区、C 区

民居是一种文脉，是民族文化渊源延续的一个方面，中国民居建筑在世界上独树一帜，是世界建筑百花园中的一朵奇葩。然而随着中国现代化的进程，国外建筑设计思潮的涌入以及中国民居建筑设计近年来缺乏创新和发展，使得国内民居设计思路变窄，甚至出现了断层，市场和建筑设计界热切期待真正适合现代中国人使用的中式民居出现。

北京优山美地 · 东韵项目在这个背景下应运而生。设计师在中国民居建筑方面进行积极探索，意图通过对中国传统民居建筑的继承与创新以及对本土文化的关心与关注，寻求传统文化与现代生活的契点，创造适合中国人居住的建筑形式典范。

缘起

国学大师林语堂先生在向美国人介绍中国人的理想住居时，引用了明代文人程羽文的诗句——“门内有径，径欲曲；径转有屏，屏欲小；屏进有阶，阶欲平；阶畔有花，花欲鲜；花外有墙，墙欲低；墙内有松，松欲古；……”这首诗非常形象地阐述了中国人在理想住居上追求的“天人合一”的精神，也是我孜孜矻矻追求了几十年的设计境界和梦想。

思考

中国传统文化非常宝贵，越发展，越要传承传统中珍贵的部分。看见波特曼设计的上海商城，我在想：为什么我们很多中国设计师，在这方面反而做得很肤浅?

这不仅是我的反思，也是中国建筑界集体的反思。在大规模重建的中国城市里，民居仿佛已被岁月压扁，退缩成印在邮票上、镶在相框里的“文化遗产”。只有春节的时候，人们才在钢筋混凝土构建的狭窄门框上局促地贴上对联，以示对过去的温暖的些许惦念。我要把几乎风干的民居，融化在我充满激情的建筑梦想里，试图还给它更具时代感的生命和颜色。

中国人的居住理念跟外国人不一样。所以说要做适合中国人居住理念的房子，当然这个房子有大有小，并不都是别墅或者四合院，可能是楼房也可能面积不是很大，但是这种空间做出来，整个建筑方式、建筑外形看上去一定要有中国风格，包括楼房中怎么能做出邻里空间，怎么引导邻里和谐相处，怎么把中国传统居住文化创作出来。

“新而中”

“新”就是按现代人的审美观、现代人的生活方式、现代人的理念、现代的技术来做，这是“新”；“中”就是不仅看上去有中国文化，当你一进去，还能感受到中国文化。现在人们一提到传统和中式，容易联想到落后、过时。如何将两者有机结合在一起，就是我们探索和研究的内容。偏中，这个东西就偏古；偏新，这个东西看着就现代，两者之间“度”的把握是最难的。经过这些年的探索与实践，我得出一个结论——“新而中”。“新而中”就是把中国传统的优秀文化与时代结合，焕发出新的生命和活力，既有根系又有新芽。

在我看来，中国人最需要的生活元素包括中式住宅里的私密院落、街道、邻里、室内外空间的和谐统一、对土地的依恋，对自然的依赖，讲究风水地气。我对现代中式住宅的研究情有独钟，我理想中的中国人居：第一，要拥有独立的围合式庭院空间，充满自然的鸟语花香；第二，内敛，有内涵，有“天人合一”的意境；第三，平面布局要符合中国的居住习惯；第四，处处体现中国建筑匠人的艺术细节——坡屋顶、青砖、黛瓦、粉墙、镂空花窗、入口大门、精美雕饰；第五，满足现代中国人的生活方式，体现现代生活的舒适性、私密性和休闲性。

“新中式”珍品大院

“经典作品的根基在文化。”“新中式”珍品大院准确地把握了中国民居设计思想，将北京地区的地脉、人脉、文脉融会贯通，并与当地人的居住心理实现了完美结合。

这是位于北京顺义区的一个四合院，与退守在北京老街区的四合院相比，这个四合院看起来没有多大不同，门口一样是大大的门楼，过年时可以张贴对联、挂红灯笼。大门合得严严实实，保护着中国人家庭理念中的安全感。

推门走进去，迎面的影壁墙营造了一个充满灵性的前庭院。正是这样一个影壁，摒弃了西式别墅长驱直入、大开大敞的风格，把入口藏在大门一侧，委婉地照顾着中国传统民居曲径通幽的私密感。经过这个小转折，才发现四合院里别有洞天——双坡屋顶、木格窗饰，地道的中式设计元素配上南方民居式的粉墙黛瓦，让四合院里的东方韵味更显简洁明媚，颠覆了人们印象中老宅院的肃穆、压抑之感。建筑中大量运用的玻璃栏板，与灰砖白墙形成了强烈的质感对比，在现代审美中，虽然是传统建筑，却全然没有老朽之气。

走进别墅，从多元的功能上，更感觉到现代派的自由舒适。以宽敞明亮的客厅为中心，中西厨房、餐厅、影视厅、家庭厅、健身厅这些顺应现代人生活方式的空间，被巧妙地安排在这个东方韵味十足的中式建筑中。其中，车库的设计甚至比西式别墅更为人性化，汽车从街道入库后，户主可以通过防火门直接进入室内。最值得回味的安排，是可以站在阳台上观望的后花园，用完餐后，全家人可以在这个半敞开的空间中小憩，享受田园自然风光。

继承

对中国传统民居建筑的继承，不是简单的模仿、抄袭，而是要深刻研究其精神内涵，吸取其精华，做到古为今用。在“优山美地”项目的创作之初，就明确了“重其意，而不是仿其形，并要有所创新”的设计指导思想，着重做了几个方面：

1. 对中国民居建筑设计思想和理论的继承

我国传统居住理念追求含蓄、私密、休闲、亲情、邻里，有浓厚的恋土情节，强调风水地气、四世同堂等传统思想。我们基于对中国传统民居的深入研究，将中国传统建筑文化与现代生活方式进行揉搓与融合，采用了中国传统的建筑形式——“四合院”，充分体现出中国人为人处世的哲学思想。

中国民居设计思想的最大特点就是其鲜明的地域性以及其对区域地脉、人脉、文脉的重视和对人们居住心理的关怀，根据不同地区的气候条件、历史文化、建筑材料、人们的心理特点及资源等做到因地制宜。

优山美地 东韵的设计力图在满足现代人生活方式的基础上，对地方传统民居的特点和优点进行继承，重点放在了对居住理念及文化的继承上面：

1）继承其对亲情及有机交融的邻里空间的尊重；

2）继承其对中国人在居住空间私密性的尊重；

3）继承其对人与自然的亲切交流的尊重；

4）继承其对居所休闲、放松、安恬舒适的环境气氛营造的尊重；

5）继承其对中国人含蓄、内敛、不张扬的性格特点的尊重。

2. 对“街坊”的继承

幢幢相连的门楼，亲切的邻里、街坊，每当过年时节，邻里互相拜年祝福，火红的灯笼再加上吉庆的对联，已经成为许多中国人心中对于家的梦想。

优山美地项目较好地利用两排别墅的间距形成了

街坊，利用多幢别墅的围合，形成半开放的互动空间。给居住此间的人们提供了一个交往的场所，大家可以在一起聊天、乘凉、散步、串门，使邻里之间形成了具有较强亲和力的区域社会群体，其独到的乐趣及情趣极大地补偿了当代社会高速度、高节奏对人们情感上的冲击。

3. 对“院落”的继承

庭院是中国民居的灵魂，在中国人的传统中更像是一个大的、开放的起居厅，西方住宅以起居室为核心展开布置，而中国传统民居则以院落为中心。虽然随着现代生活的发展，起居室已经在中国人生活中占据了极其重要的位置，但院子的作用丝毫未曾削弱。

进入优山美地业主的大门楼，是一个充满灵性的前庭院，它是入户的前奏空间，使建筑有了一个由室外公共空间进入室内空间的过渡、承接与缓冲。入户的主入口设在大门一侧，符合北京传统民居院落中“出入躲闪”的平面关系。

利用两排别墅间的日照间距形成的后私家花园，使私密空间得到了进一步的延伸与扩展。丰富的院落空间补充了室内空间的不足，成了人们在家中走进自然、享受阳光的最佳场所。

4. 对中国传统民居建筑造型及色彩元素的继承

优山美地项目创作中，通过采用青、灰等北京民居建筑中较常见的清素淡雅的色彩创造一种舒适、休闲、放松、平和的家居环境。建筑选择了灰砖青瓦的立面材料搭配，虽较好地延续了北京民居建筑的特点，但其过于沉重、严肃。

后来我们将传统建筑的立面形式与现代建筑相结合，以北京民居的造型为主，融入南方徽派建筑的特色，用新材料、新技术和现代建筑设计手法加以重构，立面由 1/3 白墙和 2/3 灰砖墙面构成，形成了较为强烈的对比，改变了传统北方民居给人的严肃、压抑的印象，更加符合现代审美观念。

同时，将中国传统坡屋顶进行解构，用单坡、不等坡、平坡等手法，采用简洁的素面混凝土处理，并在两条混凝土中间镶嵌中式花格的木构件，从而使山墙外立面变得丰富多彩，不但顺应功能，而且很好地降低屋脊高度，在外观上产生了高低错落的层次感，极大地增强了立面的中式韵味，呈现出丰富的装饰效果。

基于现代人渴望充分享受阳光的生活需求，设计加大了采光面积，在原本比较封闭的山墙上开了窗户，设计了转角凸窗、落地窗和大面积玻璃幕墙。

多年的探索与创新，我们领悟到在新中式建筑设计创作中，如何处理好传统与现代、继承与发展的关系，在设计中传统元素与现代元素孰重孰轻，都难在一个“度”的把握上；在对“传统”和“现代”侧重度的把握上，需要根据项目所处的环境、位置来确定设计的侧重点。

创新

人们在创造一种文明的同时，对上一个文明的全盘否定肯定是不对的，但墨守成规，拒绝发展与创新，排斥“新陈代谢”，无视时代变迁及社会发展，在中式住宅的设计实践中，企图简单地以传统来对抗现代化的进程，那肯定是一条死胡同。这里所说的“新陈代谢”即发展与创新，在优山美地的设计中主要体现在以下几个方面：

1. 正视传统的发展

传统是发展的，而不是一成不变的，随着时代的变迁和社会发展，人们的生活方式、家庭结构、审美取向都发生了很大的变化。

我们运用现代别墅的布局形式，以老北京传统四合院的院落空间形态为基础，将四合院中不适合现代人居的建筑部分淘汰，以现代人的居住生活理念对建筑功能空间进行重组——以客厅为中心，各功能空间紧凑合理布局，把建筑与院落空间有机结合成一个整体。

在独栋别墅中，起居室设计为两层通高，提升了居住品质，创造了较为丰富的室内空间。此外，优山美地项目还增加了影视厅、家庭厅、健身厅等顺应现代人生活方式的空间。

利用每户院子内外的高差，布置半地下停车库，汽车从街道入库后人员可通过防火门直接进入室内，满足了现代人的生活习惯及心理需求。

2. 规划理念的创新

吸收北京民居街巷、胡同的传统理念，结合现代人的生活方式对人流、车流的组织进行了创新，使其更加适合时代发展的需要。考虑到传统的四合院形式对土地资源大面积的占用已难以适应现代建筑对节地方面的要求，优山美地在设计中采用了紧凑的前后排共用一条道路的街坊式布局，并用自然的曲线道路加以组织，满足了车辆通而不畅、曲径通幽的要求。每个支路都做成尽端式，减少了交通的交叉干扰，创造了安逸静谧的居住

空间。利用两排别墅的间距形成了街坊，给居住此间的人们提供了一个交往的空间。

小区中间横贯南北设置中心绿化及步行景观带，为居民提供了一个休闲、活动的场所。主入口大门的南侧设置了小区会所，为整个小区的居民生活提供了便利。

3. 院落及平面布局的创新

我们对传统中式住宅中不适合时代要求的地方进行了改良，按照现代人的生活习惯重新进行了室内平面布局及室外空间设计，室内平面布局更加符合现代人的生活理念。

我们从传统建筑中提取中国人最喜欢的庭院空间和中国居住建筑的空间序列，从大门、庭院、门前灰空间，以及门斗、大厅、卧室等，运用中式建筑对景、借景、先抑后扬等手法，表达对空间私密、转折的独特理解，既满足了现代人对各空间的基本要求，又极具浓郁中式风格。

4. 材料的创新

建筑形态的发展和科技的进步密不可分，随着现代施工工艺的进步和材料科学的发展，不断涌现的新材料在中式住宅中的运用会越来越广泛，也必将成为一种趋势。“优山美地”项目中，内外墙体均采用煤矸石多孔砖墙；在建筑中大量运用玻璃栏杆及铝合金装饰构件和灰砖白墙形成了强烈的质感对比，做到了材料创新，符合现代人的审美观，赋予了中式建筑新的生命力和时代感。“优山美地”的院墙采用玻璃及金属格栅和实体砖墙的有机搭配，创造出了虚中有实、朴实雅致、内外通透的独特空间。

5. 环保节能及对土地资源的合理利用

在优山美地项目中，中水系统的采用，使用户产生的污水经过除渣、沉淀、消毒灯工艺流程的处理后，作为景观河道、水景水源及绿化水源的补充，实现了

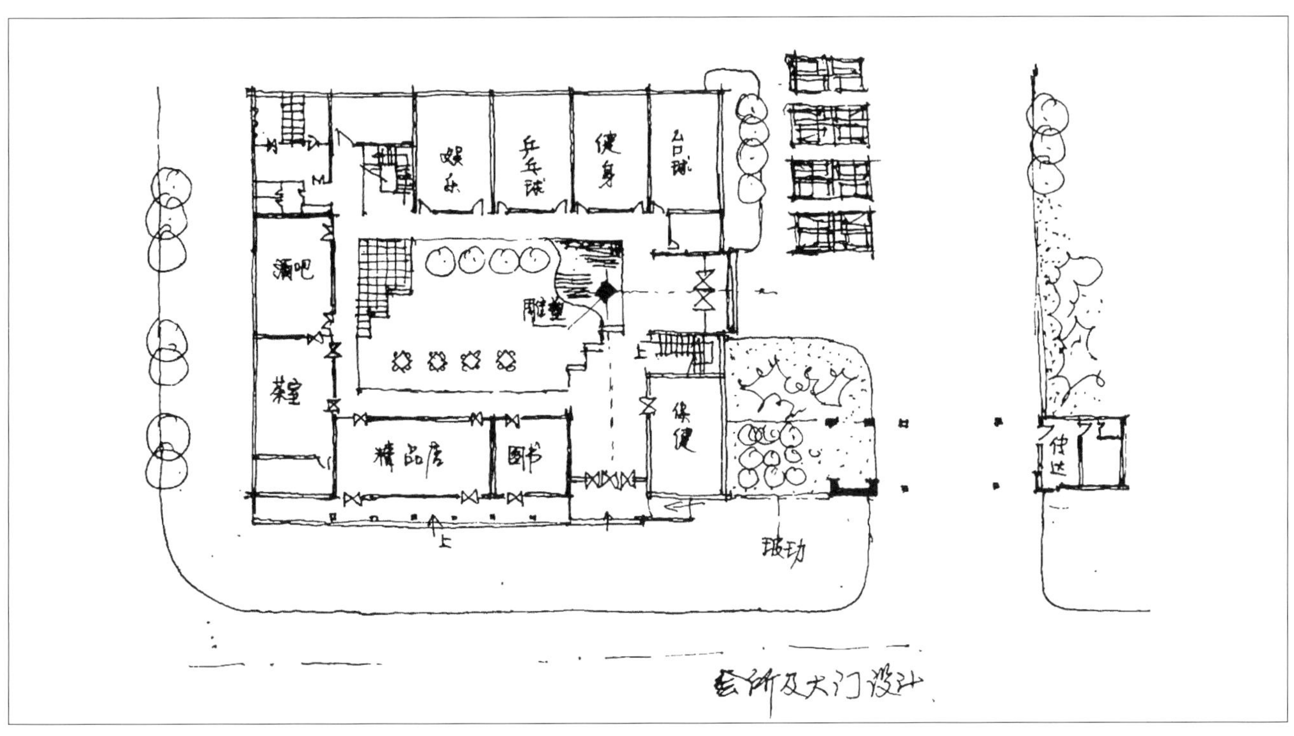

废水、污水资源利用化；煤矸石多孔砖墙的利用，有利于节约资源和保护环境；80mm 厚挤塑聚苯乙烯外墙保温板及铝合金断热型材中空玻璃外门窗的采用有利于保温节能。

总结

归纳我们对新中式建筑设计的认识：现代中国建筑应是建立于中国本土、植根于中国文化，适应现代中国人生活需求和社会发展的建筑。也就是说，它相对于现代西式建筑和中国传统建筑，应该具有现代化与中国化的双重属性。在中国，符合时代发展适应国人生活的主流建筑，应当是现代中式建筑，即新中式建筑。

而关于其中的住宅类即现代中式住宅的特征，一般我们认为应具备以下几个特征或其中的一部分：

1. 体现中国人的精神文化、生活习惯、居住方式和审美观念

中国人受几千年儒家、道家和佛家思想影响，特别是儒家思想的影响，形成了内敛、有涵养、不张扬的为人处世哲学，并在日常的生活空间和居住形式上有深刻的体现，产生了很多优秀的建筑设计手法，如空间处理上的对景、借景、先抑后扬等设计手法；在平面布局上，中式住宅是内敛的，它以庭院为中心，各种空间都围绕独立的院落空间布置，充分体现出中国人的文化特点。

任何一座建筑、一种建筑形式都有一段历史、一个故事，都诉说着使用者的精神文化、生活习惯、居住方式和审美观念。中国人的文化、情操可以用与之相符的中式建筑来体现。

2. 拥有独立的围合式庭院空间

中式住宅是室内空间与院落空间有机结合的整体，

庭院是人居住理念中对私密性要求的重点体现，是中国传统居住文化的核心，最能体现中式住宅的文化底蕴。

进了庭院再入堂的模式，把中国人的庭院情结表现得淋漓尽致。同时，庭院还是中国人情感的寄托，承载了中国人对和谐共生、亲近自然的渴望，给人们提供了一个居家便可走近自然、感受泥土芬芳的场所，从而有了“宁可食无肉，不可居无竹”的千古佳话。

3. 空间序列、平面布局有一种简明的组织规律

街、巷、院是传统中式住宅的重要组成部分，人们由街转巷，由巷进院，由院入户，街巷布局让开放的空间平缓地过渡到了私密空间。

4. 具有明显的建筑形态及材料标示

如坡屋顶、青砖、黛瓦、粉墙、镂空花窗、朱红大门、精美雕饰等。坡屋顶自身有很多优点，如取材方便、造型优美、防水性能和耐久性好、有利保温节能等，进而使其在中国民居长久以来的发展过程中被普遍采用。尽管业界在对中国传统住宅的继承上已达成共识，即“重其意而非其形”——判断现代中式住宅不应只注重其外表形式和传统的建筑符号，而应注重建筑功能布局及空间的处理，但坡屋顶的概念早已深深植根于中国人的内心深处，甚至一度成为中式建筑的代名词。它和青砖、黛瓦、粉墙、镂空花窗、朱红大门、精美雕饰，这些具有强烈观感特征的元素相结合，一起深深地触动着人们心灵深处的中国地域情结，成了中国传统住宅的典型符号和重要组成部分。

不过，直接的借鉴也仅是一个方面，如今在全国各地也出现了许多无坡屋顶的“中式住宅”，这一设计思路也是中式住宅探索的一条新路子。

5. 满足现代中国人的生活方式，体现现代生活的舒适性、私密性、安全性和休闲性

建筑离不开时代背景，必须和一个时代的社会、经济、文化发展水平协调平衡。现如今，随着时代的变迁，中国人的居住理念和生活习惯也发生了很大变化。而现代中式住宅应该是传统和现代的有机结合，是继承中创新的结果，应该具有中国文化神韵和精神内涵，同时又符合现代人的生活习惯，并运用现代科学技术进行创新，满足现代人的使用需求。

在新中式建筑设计创作方面，我的亲身体会如下：

1. 在总体规划上，尽可能地保持原城市布局的特色

或传统建筑群落的肌理，遵循节地、节能、生态、环保、以人为本等可持续发展原则。

2. 在功能上，适应现代中国人的工作或生活方式，满足现代功能，同时要符合当地人的地域性生活方式，体现天（天时、现代）、地（地方文化）、人（以人为本）的结合。

3. 在空间序列上，尽可能地组织中式空间序列，如街、巷、院、厅、室的序列。尽可能通过建筑与场院或厅的空间围合形成序列空间，通过建筑空间的高低变化、开合变化、明暗变化等，形成高低错落、相互穿插和围合有序的建筑群落空间。

4. 在色彩上，尽量采用当地建筑原有的色调或用部分中性色彩与之搭配。

5. 在材料上，要延续当地的传统材料或同质感的新材料，或采用现代材料与之穿插混合使用。

6. 在造型上，要吸收传统造型的特点，多采用当地建筑的形态，提取代表性元素进行抽象、解构和重组，并尽可能使用新技术和新材料，通过简洁、现代的设计手法进行形象表现，形成适合现代人审美观的造型。

7. 多采用中国传统建筑优秀的设计手法，例如利用中国传统建筑中的对景、借景、轴线、空间上先抑后扬等手法进行设计。

8. 创造建筑的意境，中式建筑更加注重展现建筑的创意及其所要塑造的中式意境与空间氛围。

9. 在继承与创新上：在创作过程中如何把握传统与创新这两者之间的“度”是关键，在继承主要体现于居住理念、空间处理、中式元素等中国传统建筑文化中优秀的设计手法，而在功能布局、建筑材料、建筑技术、审美观及建筑形式等方面加大创新力度；在一些传统地域或传统建筑周围多采用继承传统的思路，在一些新区或距离传统建筑较远的地域多采用创新手法。全面继承和模仿不是现代中式建筑的创作之路，只有赋予中式建筑时代性才有生命力，用现代技术建造的中式建筑才是创作发展的方向，不断创新才是对中国传统建筑的继承与发展。

路易斯·康曾讲道，伟大的建筑，开始于不可度量的领悟，然后把可度量的当作工具去建造它，当建筑完成，它带领我们回到当初对不可度量的领悟中。约翰·罗贝尔在其著作《静谧与光明——路易·康的建筑精神》中说：“人类的精神——创造力的精神——不断再生于追求新领悟的人身上，以及肩负着使命要让世界变得更丰富的人身上。”

路漫漫其修远兮，吾将上下而求索。

YOSEMITE

优山美地・东韵住宅小区 A 区是继优山美地・东韵住宅小区 C 区（新中式住宅）后的又一力作（现代中式住宅）。虽然 A 区、C 区都是新中式别墅，但是 A 区比 C 区的设计更加现代，空间更加丰富，是设计的又一次升华。空间上体现天人合一、丰富自然的情趣；功能上体现考虑人本性的居住理念；形式上体现本土建筑的神韵。

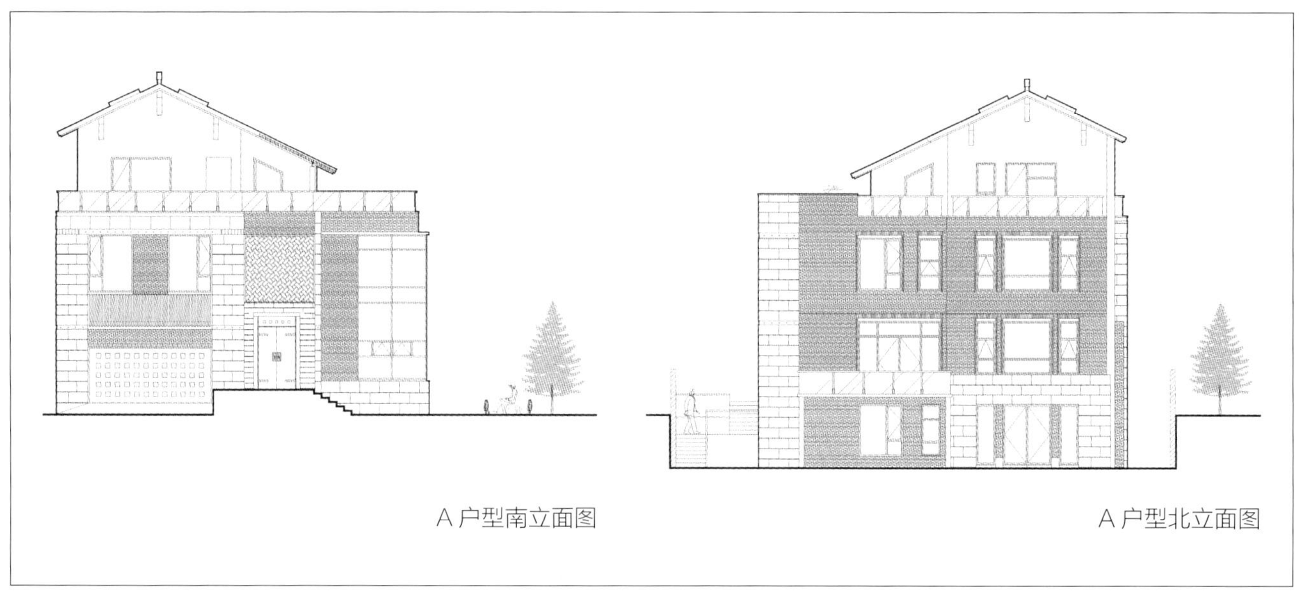

A 户型南立面图　　A 户型北立面图

A 户型东立面图　　A 户型西立面图

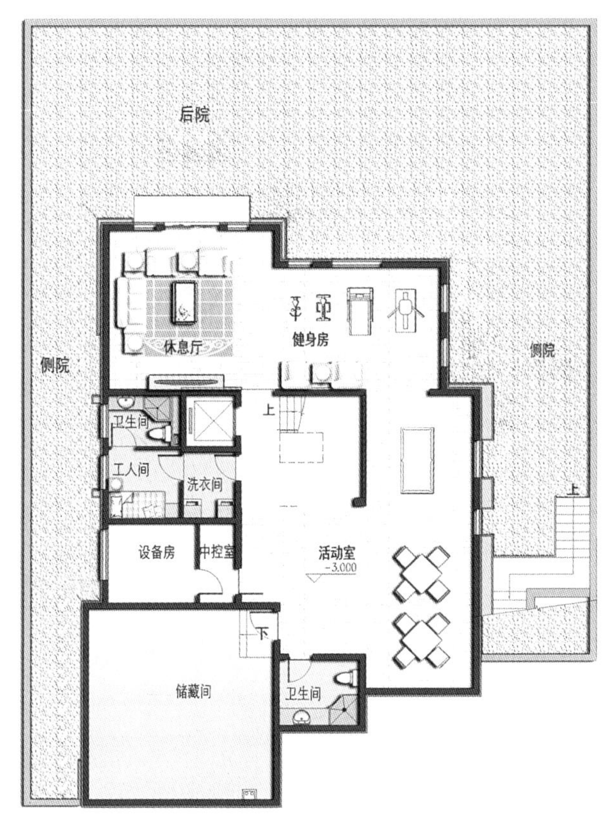

A 户型负一层平面图

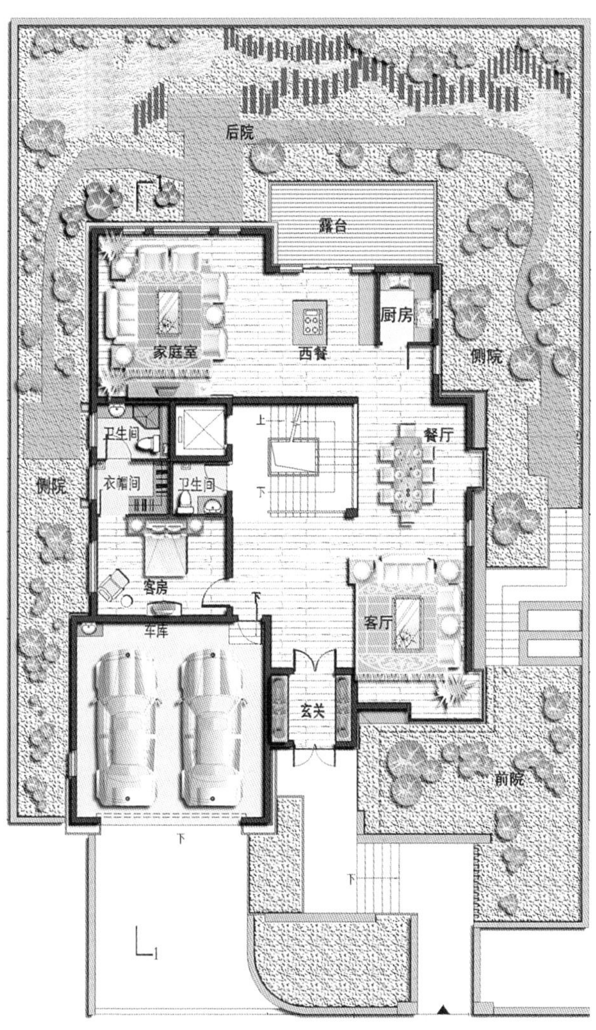

A 户型一层平面图

A 户型二层平面图

A 户型三层平面图

功能空间与符号表达
——即墨优山美墅会所

本项目位于青岛即墨市优山美墅小区的入口处，为改建、扩建工程，建筑面积为1450平方米，属小型公共建筑。设计以该地块原有的小型商务会所为基础，在进行立面改建的同时，增加小区综合会所所需的其他功能并进行有机整合，力图使改建后的会所与新建小区整体风格协调统一。在展示新颖、现代感的同时，又保持中式建筑的神韵，从而使其成为小区的标志性建筑。

在平面功能布局上，将二层通高的展厅布置得自由而优雅，通透的弧形玻璃幕墙是整个建筑的点睛之笔，与两侧的实墙相映成趣，产生虚实对比。在建筑的入口处，在建筑主体延伸出的片墙上开一个圆形中式景窗，透过景窗看到院内的树木和景观，这正是对中国园林借景、框景的最好诠释。

建筑以灰、白为主色调，加入木色的暖色调做点缀。型钢在墙体压顶、屋顶造型、太阳能支架上的使用也使得建筑有了活泼的元素，在色彩及材质的运用上，一以贯之地重现我对新中式建筑探索的态度和手法。

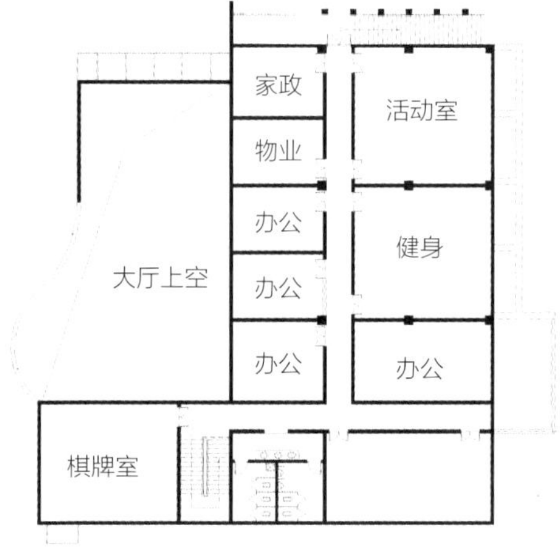

一层平面图

售楼处

大汉·汉园：果园里的中国院子

地点：湖南省长沙市望城区
设计时间：2012 年
完成时间：2013 年
建筑面积：59390.51m^2
合作建筑师：朱宁宁、徐以国、王振亮、赵娟

地域 创新

——大汉 · 汉园："果园里的中国院子"

这些年来，越来越多的中国本土建筑设计师和一些海外知名设计机构在对中国当代建筑设计项目的创作实践中，更加体现对中国本土文化和优秀传统文化的尊重和敬意。本章通过对大汉 · 汉园项目的分析解读，以期能为新中式建筑设计提供思路与经验。

探索湘情

湘情，是湖南人民对家乡的热爱，是家乡老房子的模样，是记忆里传统的中式情怀。大汉集团——汉园的建设方，一个极具情怀的企业，受其委托我主持了汉园的设计工作。

湘情这种感性的情结如何落实到我们的建筑中，我带着问题探访了展现湖南民居的村落——张谷英村。盛夏，热烈的阳光洒落在静逸的张谷英村，我沿着清水砖与石板合围的悠长巷道，浏览那些陌生的场景，清风吹来，老房子的门开了，窗户开了，那是未曾老去的生活，忽然，家的感觉就这样油然而生，千般思绪涌上心头，我觉得我们就应该设计这样的房子。

湘居本原

湘楚大地面积不大，却是汉文化的发源地，湖南民居根植于湘楚文化，在传承了汉文化的基础上，发展了自己的特色，形式与功能相较于北方民居，多了几分轻巧通透，相较于江南，少了几分秀丽淡雅，多了几份朴实粗犷。

规划布局：因形就势

大汉 · 汉园，位于湖南长沙市望城区，总规划用地约 20 公顷，基地被约 73 公顷果园所环绕。基地内拥大面水域，称之为喧嚣城市中的一片净土亦不为过。另外从建筑设计角度来看，项目富于灵气，上风上水，环境奇佳。

项目属于典型的湖南丘陵地形地貌，地形中间低洼，两侧缓缓高起。保留中间的景观通道，建筑结合地形，屋宇墙檀相接，参差在溪流两侧，傍溪有青石板路，沿途可步行通达各家。

布局方面，着重考虑建筑与地形的关系处理。从北向南，建筑层数依次递减，北侧呈"太师椅"分布的高层住宅成为项目的天然屏障，多层、低层分布在中间和南侧，各种类型分区明确，又能通过中心景观带有机联系。

文化方面，作为汉文化的盛地，孔孟儒学在当地备受推崇，重礼仪教育，人才辈出，因此设计时考虑延续这种"学风"，以汉学院为中心，向四周扩展，与湘中传统村落形态有异曲同工之妙。

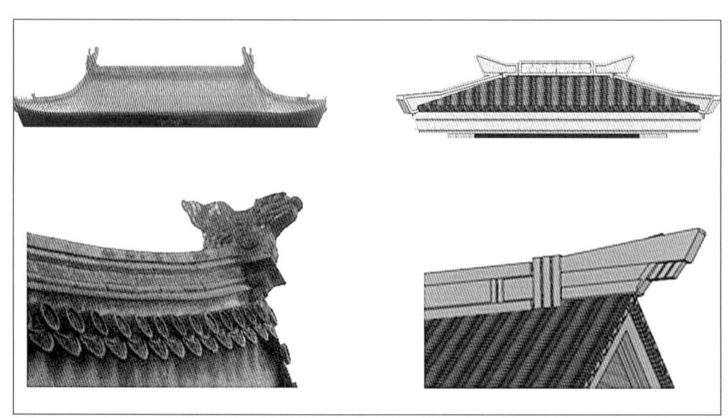

交通组织方面，车行路、巷、道，量大而深，是居民的交流空间，同时具有通风、防火、交通等功能。设计时，考虑现代人交通方式的改变，街巷尺寸也随之变化，适应汽车通行与停放。同时，车行空间与步行空间交错布置，互不干扰，符合现代居住人车分行的理念。

各个方面综合下来就形成了现在汉园整体的布局形态，既顾及地形地貌、气候特点，又考虑当地文化，最重要的是，要适合当代人的行为方式和生活所需。

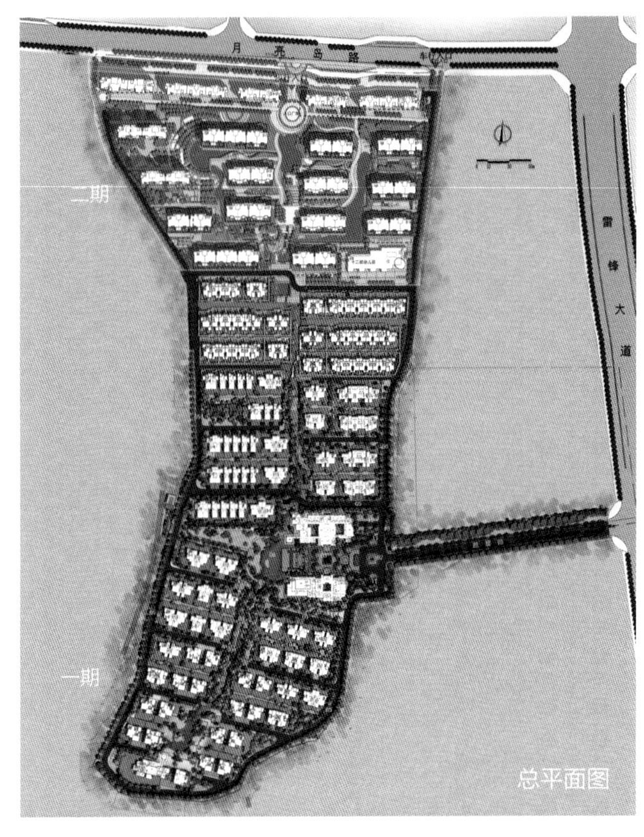

总平面图

造型推演

结合当地气候与民居特点，建筑采用不等坡顶设计，这种屋顶有防水、耐久性好、节能等功能上的优点。另外，坡顶这种形式根植于中国人的内心，触动着我们的心灵，是人们乡愁的情结所系，通过形体的模仿与升华，来写出中式的意境。

建筑屋顶之下的主体造型简洁，底部砖石，中部粉刷墙，顶部花格窗，一一呼应着当地民居的造型特点，通过整体与细节的继承与创新，营造了建筑的“乡愁”。

另外建筑主体彼此毗邻搭接，偶有山墙凸显，从而形成丰富生动的建筑立面，这也无形之中体现了民居的建筑形态。

建筑选材多为当地方便可得的建筑材料。坡屋顶用混凝土浇筑，屋面贴平板瓦，屋檐刷真石漆。墙体底部用砖石，中部与顶部采用真石漆粉刷墙，与传统材料呈现效果相似，但更为精致坚固，不失传统味道。近人的空间尺度内多选用原木、石材等，使居民感觉到精致与温暖，也呼应了传统的木石材料。

屋顶的设计中注重屋脊的表现，对传统建筑屋脊进行提炼简化，端头借鉴古代建筑的龙吻，用新中式的语言来表现，形成简约现代的住宅品格。栏杆采用传统中式建筑常用的“回”字纹样，用铁艺、玻璃等现代材质演绎。建筑山花的设计源自湖南民居中山墙上的方形通气窗，并在此基础上进行图案装饰，成为建筑的点睛之笔。住宅院子入户门头两边的柱子上下略有倾斜，增加了灵动性，不会觉得过于正式，材质没有与院墙材质统一，浅色的石材很好地强调了主入口的视觉效果。宅门的颜色以木色为主题，门扇表面镶嵌铜钉。院墙采用虚实结合的表现形式，色彩基本以灰白为主，在实墙中间做出一部分灰空间作为分割，增加院内与院外的空间交流。

建筑内空间的营造

建筑外部空间，由于用地的限制，设计将传统的各级院落空间灵活变换。与湖南民居中的庭院、天井、中庭等空间相结合，考虑现代功能平面的结构，并没有拘泥于传统的等级空间界限，而是适应现代人的空间需求。户内分成前院、后院、中庭、采光井等，增加了空中院落（露台）。另外，设计下沉式后院，形成开敞明亮的负一层空间，现代人生活所需的健身、影音、收藏等功能尽置于此，充分发挥土地集约利用的价值。

建筑内部空间，功能上更符合当代人的生活所需，门厅、客厅、餐厅、书房、卧室等一应俱全。空间尺寸则适应现代家居生活，设计了若干大空间，例如客厅与餐厅一体设计、一层挑空设计等。

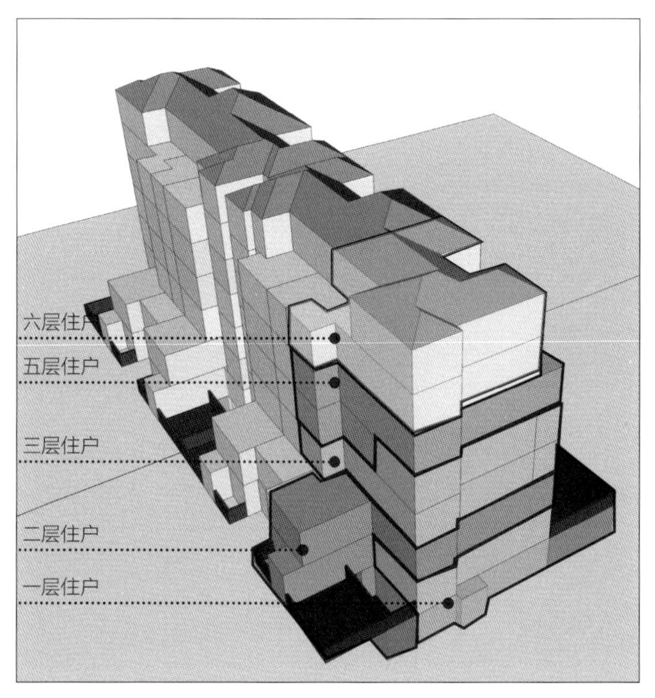

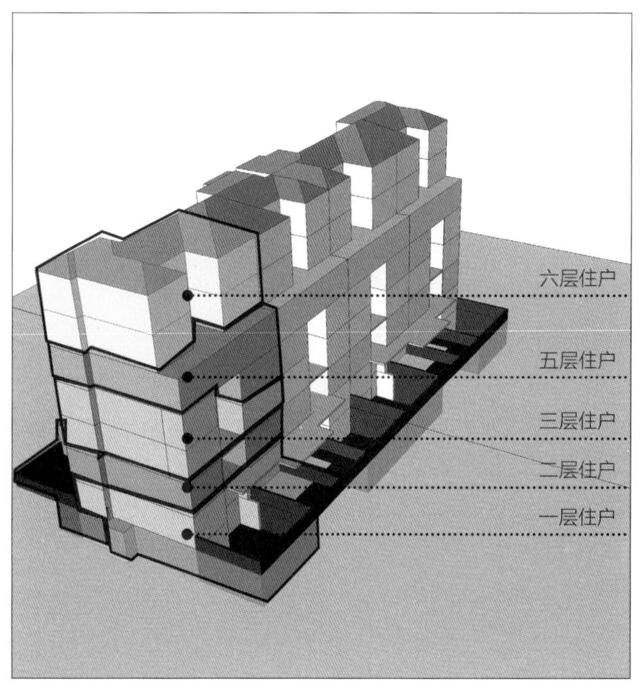

一种独创户型赏析

洋房户型主要在户型组合方式与庭院空间两方面有一些独到设计。一层住户在负一层做下复式，并且在负一层南侧有其主要的室外庭院。主入口在一层南侧，入户后经过一处小庭院，进入它的主要功能空间，包括客餐厅、卧室、书房、洗手间、厨房等。负一层空间集中布置了影像厅、佣人房、储藏间等功能。二层住户在一层与负一层有部分复式，入户门厅与客厅设置在建筑一层北侧，其室外庭院设置在一层北侧，二层住户的负一层空间主要布置了娱乐室、储藏与卧室等功能。三层住户与四层的一半空间为复式，并且在三层设计一处 15m^2 的平层花园。四层的另一半空间与五层为住户，并且在五层南侧有一处 15m^2 的平层花园。六层住户与顶层为复式，在六层南侧有一处 20m^2 的平层花园，并且在顶层有一处 20m^2 的屋顶花园。

造型设计简单大方、层层退台的处理为住户提供了一个相对宽敞的休憩、观景平台，中式建筑符号及色彩的运用从总体上给人一种回归自然、返璞归真的闲适情趣。

色彩的演绎

湖南传统的民居色彩搭配多为顶部深灰色筒瓦，墙体为未加粉饰的土黄色坯墙，与北方灰黑不同，与江南的灰白也不同，形成了别具一格的色彩搭配，多了几分活泼与烟火气。鉴于此，设计时摒弃了传统中式黑白灰单一色调的搭配，改为暖黄、深灰、深咖搭配。深灰色的屋顶、上部暖黄的墙体、中部和底部三色红砖，深咖色的装饰，使建筑变得更加生动温暖。最后呈现的效果既有传统民居的特色，又有中式的味道，也更符合现代人对家的审美与期望。

总结

汉园的这次特殊的、以地域情怀为出发点的设计经历，启发和拓展了我的新中式创作思路。具有地域特色和湘情的中式住宅，只属于这片土地，只属于汉园。在挖掘传统与地域文化上作了创新，不是单纯的模仿，而是注重写意，赋予了传统建筑时代性，这样设计出来的中式建筑才更有生命力。

屋檐

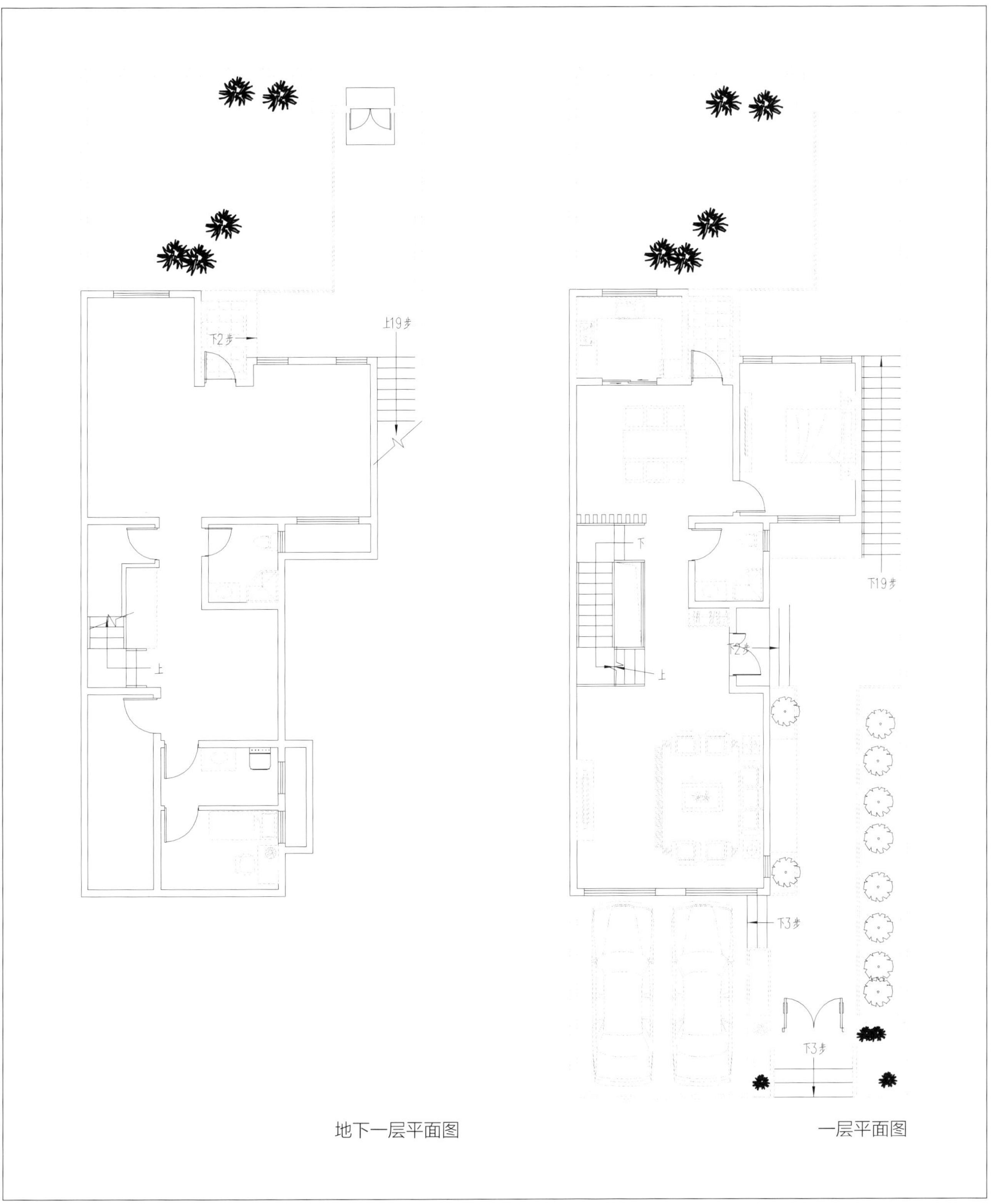

地下一层平面图

一层平面图

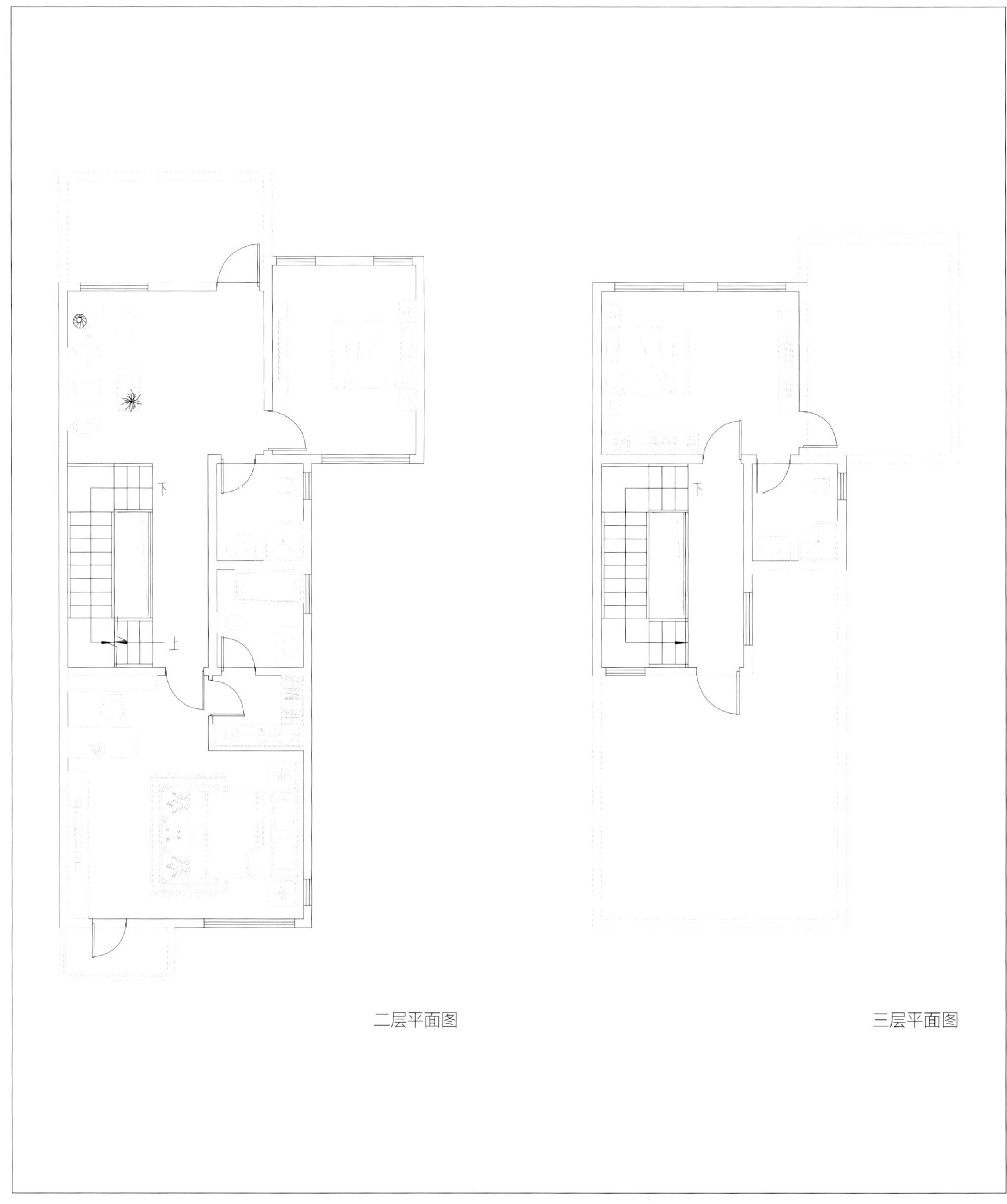

二层平面图

三层平面图

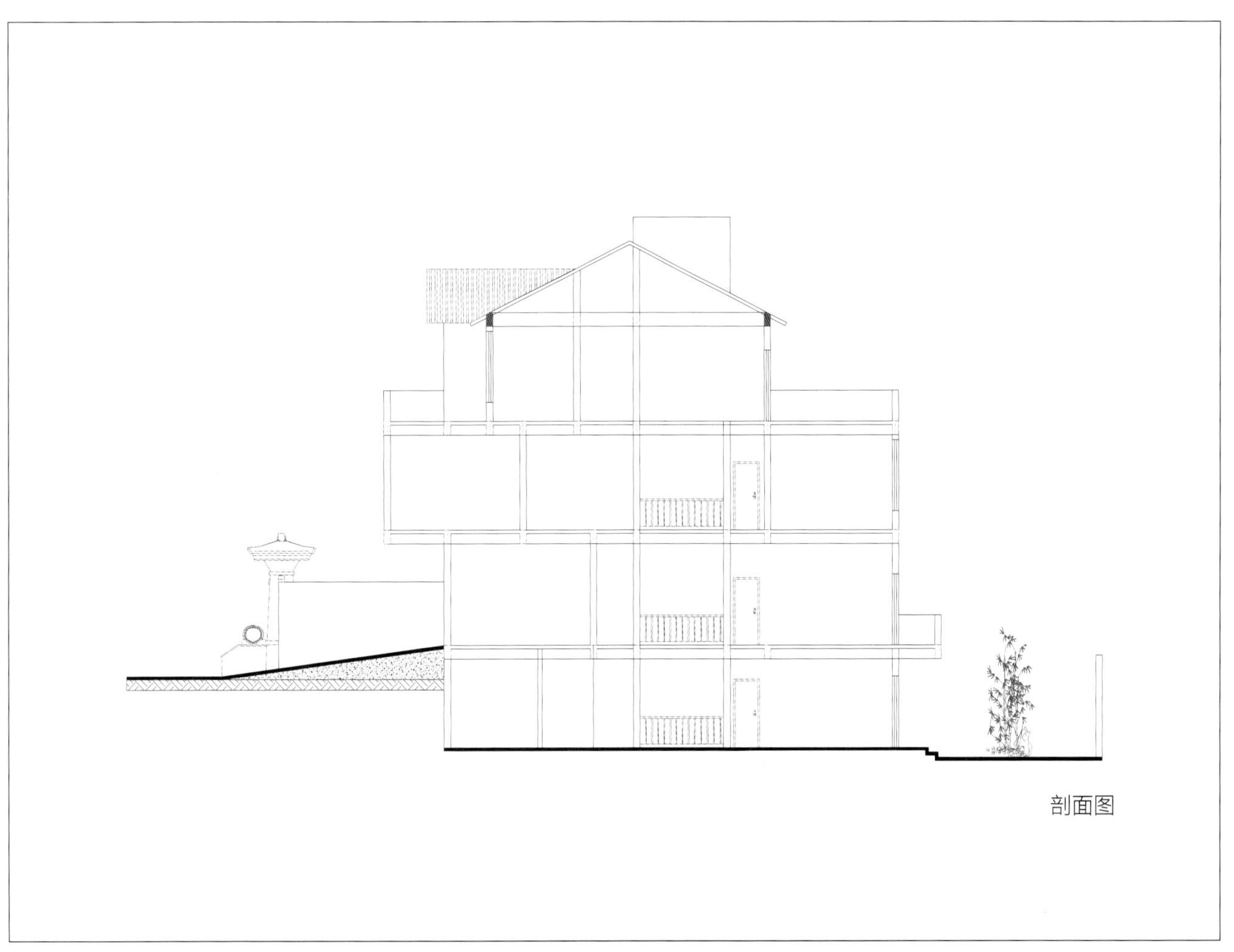

剖面图

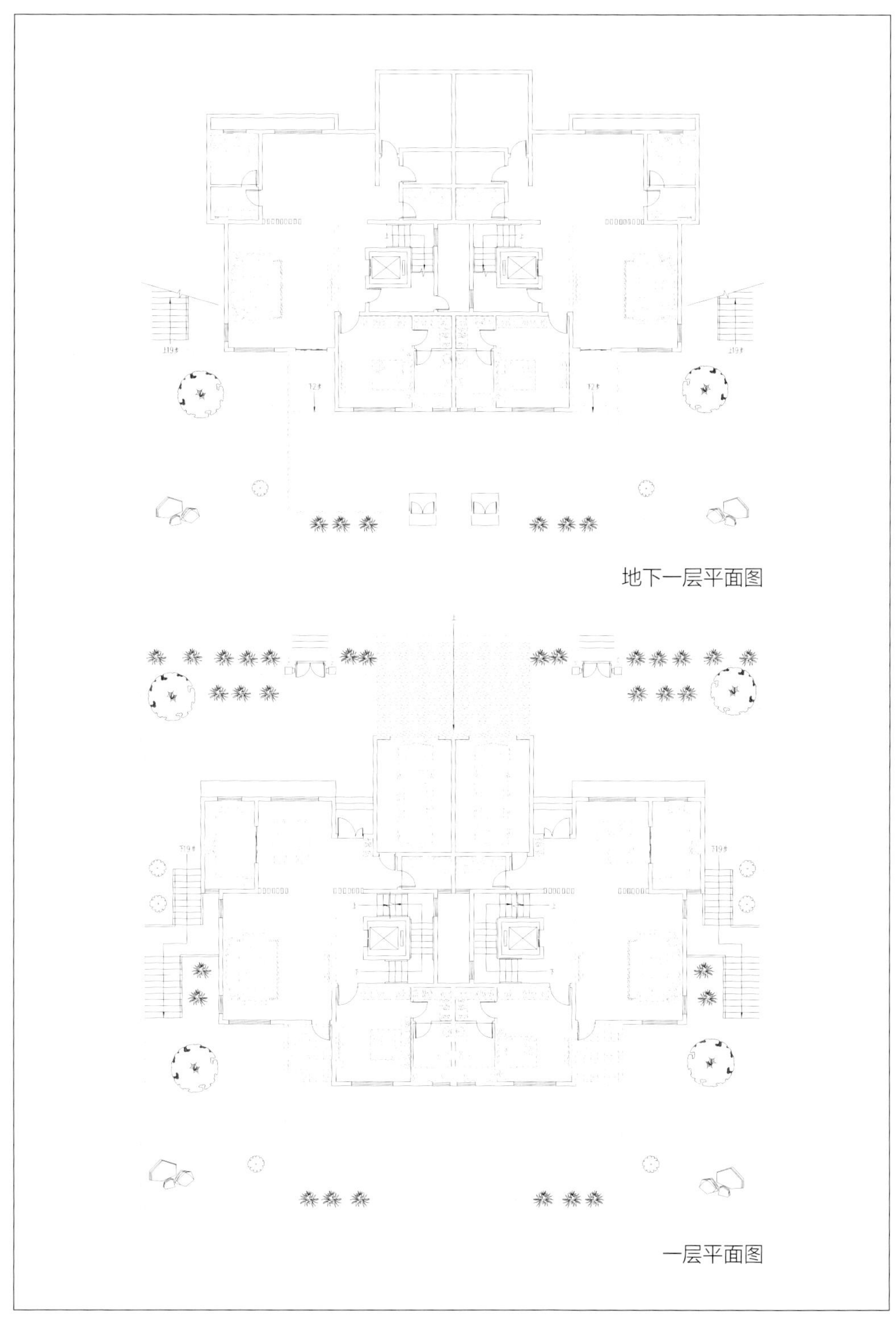

地下一层平面图

一层平面图

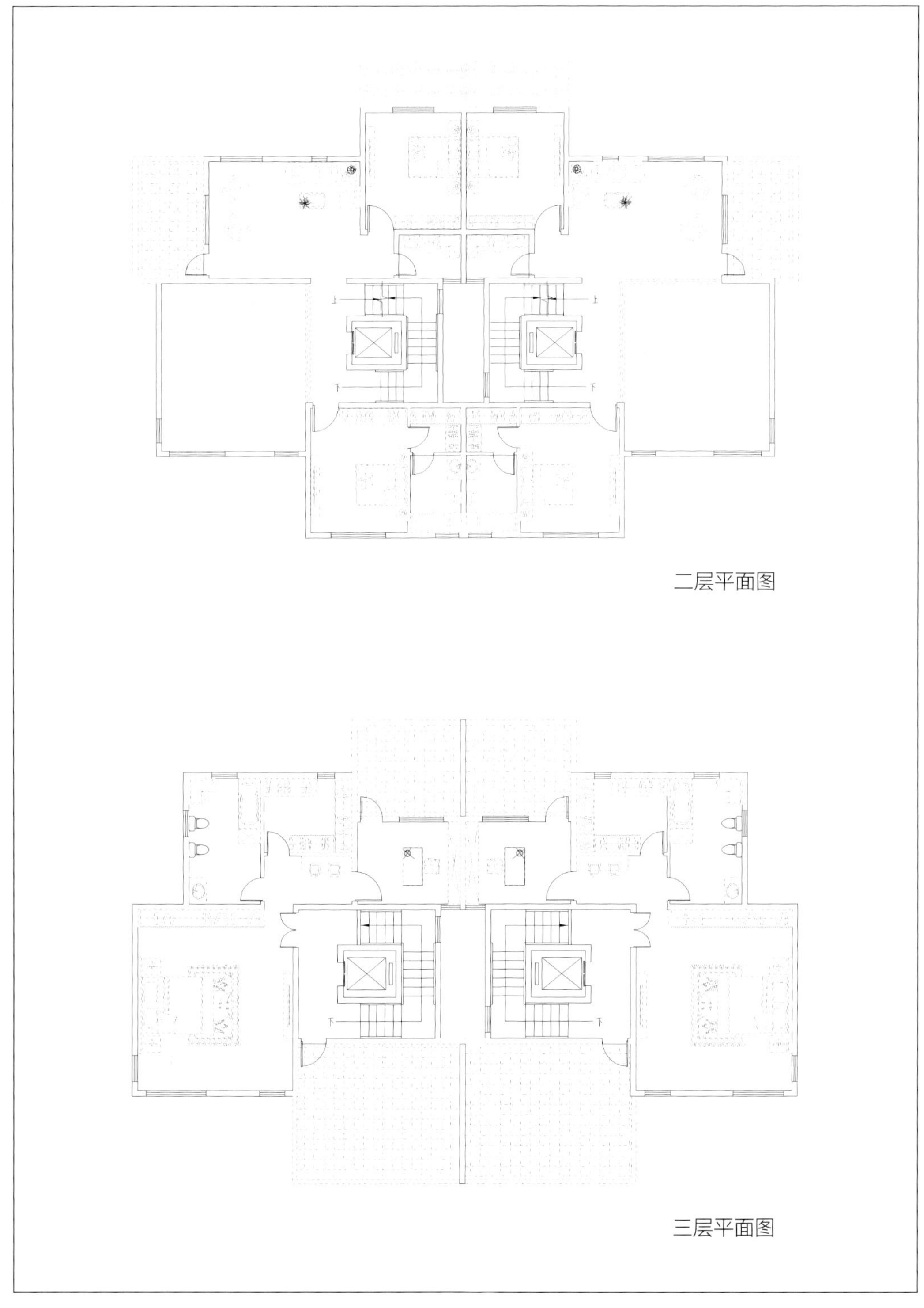

二层平面图

三层平面图

地下一层平面图

一层平面图

二层平面图

三层平面图

四层平面图

五层平面图

六层平面图

七层平面图

汉唐风

大汉·汉学院

汉学院致力于打造长沙第一个院落式汉学院会所，并着力营造汉文化精髓感受空间。汉学院是一个集藏品、展览、国学讲堂、修身齐家于一体的净心之地、精神殿堂。

我们在项目考察之初便决定，要在这里建房子，要尽可能保留大自然原有的地貌和环境，保留水面，保留果园。尊重地域文化和特色，将地域性作为建筑的基本属性之一，做到因地制宜。

规划布局

在规划用地格局上，延续汉唐的“前庭后苑”形制。南北向，由“南庭—中庭—北庭”构成；东西向，由“前庭—中庭—后苑”的空间序列构成。遵循传统的中式空间布局，营造出强烈的仪式感，体现汉文化所推崇的“礼”的空间序列，让中国哲学思想和文化在建筑领域里完美呈现，凝固了中国传统的天人合一的精神。

功能布局

功能布局上，功能空间围绕中庭，形成有序的空间序列。一层南庭中部为大堂，周边以茶室大厅和包间功能为主；北庭中部为大堂，两侧连接两个内庭院，通过步廊将百家论坛厅、国学讲堂串联起来。二层以休闲养生、接待功能为主。南庭和北庭共同围合出内庭院，打造怡人的景观视野。

尊重地域文化

尊重地域文化，将地域性作为建筑的基本属性之一，做到因地制宜。因此，我们对当地文化和建筑进行了充分的调研，考察了当地很多历史建筑及近代特色建筑，像是被称为“民间”故宫的张谷英村及湖湘文化的典型代表“岳麓书院”，为设计符合地域性打好基础，使项目真正融入城市文化脉络，与城市共生长。比如保留了当地民居的“室内天井”（屋顶上的“方盒子”即是），还有喜用木色、外露的椽头、镂空的女儿墙等，都是模仿当地民居的表现。

另外，湖南的民居风格比北方民居更随意，比如一面长一面短的屋面，对高低、朝向不十分在意等。不停地发现、提炼当地民居的特色，将其最大限度地保留在设计中，这样，建筑就融入了城市、延续了文脉，当地人一看也“眼熟”，感到亲切，容易认同。

儒家性格的展示——表皮

建筑表皮，如同人的服饰，一个人有怎样的穿着打扮，就会给别人留什么样的印象；建筑表皮，也在塑造一个建筑的精神面貌。中国人受几千年儒家、道家和佛家的思想影响，特别是受儒家思想影响较多，形成了内敛、有涵养、不张扬的为人处世哲学，并深刻体现在了建筑上。汉唐时期的建筑，给人以一种儒雅、深沉、包容的感受，是儒家思想在建筑上的典型显现。汉学院采用浅棕色石材墙面，深棕色檐角线条、灰瓦屋顶，以现代的工艺与技术展现现代汉唐之风。

儒家性格的展示——细节

汉唐风的建筑风格特点是气魄宏伟，严整又开朗。汉学院的建筑细节上，利用石材、玻璃的和谐设计，反映唐代建筑工艺的特点，柱子、梁的加工等令人感受到构建本身受力状态与形象之间的内在联系，达到了力与美的统一。门窗的分割上，选用简单的竖线条，质朴中又不乏现代的感觉，颜色上选用接近木材的颜色，给人庄重、大方的印象。

儒家性格的展示——建筑造型

中国古代建筑的精妙有很大一部分是体现在屋顶的造型上。为了充分表达对中国文化、对汉唐中国的敬意，同时也赋予建筑以时代的意味，不是仿古，不是在形象上而是在气质和空间上体现中国古典的韵味。因此在造型上，汉学院屋顶采用轻质铝合金材料，从而使出挑更加轻巧深远，没有使用传统混凝土结构的笨重感。

传统院落精神的营造

中国人对于院子的情愫已有几千年，院落是中国人内敛性格在建筑上的体现，我姑且将其称之为“院落精神”。院落是区别于西方建筑组合的主要特征之一，是营造“中式风格”的主要形式。

“汉学院”在设计中明确不靠单纯地仿建古建单体达到“中而新”的效果，而是通过打造院落来营造传统的诗意氛围。在空间序列上，尽可能地组织中式空间序列，如院、厅、室的序列。尽可能通过建筑与场院或厅的空间围合形成序列空间，通过建筑空间的高低变化、开合变化、明暗变化等，形成高低错落、相互穿插和围合有序的建筑群落空间；

“汉学院”在打造院落精神的生活意念和精神境界的同时，又吸纳了现代生活流线，以符合现代人活动习惯。

禅意空间设计

汉学院内设“博物馆”、“展览厅”、“国学讲堂”，旨在传承历史，展示中华民族的艺术瑰宝。打造内部禅意空间，让人置身于其中，便有一种“静”与“雅”的感受。

在人文景观上，百果园林、秀丽山河，古树年轮记录着这里历史的轮回；在文化传承上，“国学、国乐、国画”主题沙龙，在大汉汉学院持续展开，吸引各界人士纷纷来到大汉汉园，开启文化的百家争鸣，为汉园文化传承，铸就艺术文化高地开启良好的开端。

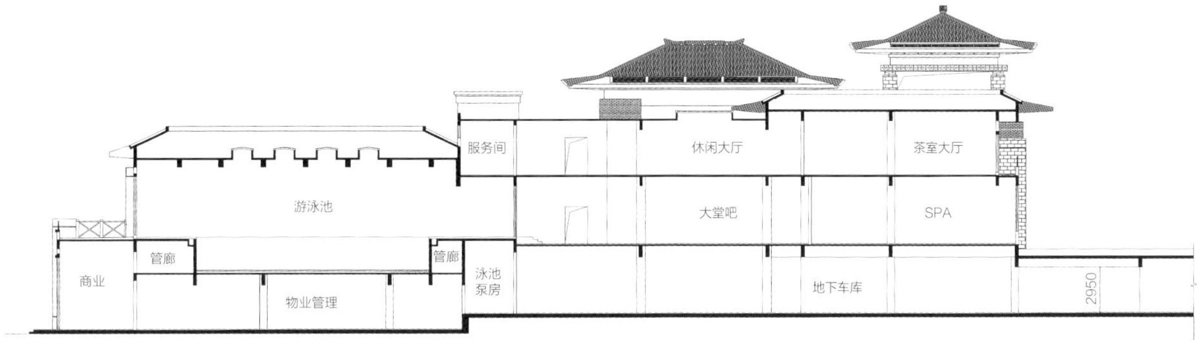
服务间
休闲大厅
茶室大厅
游泳池
大堂吧
SPA
管廊
管廊
商业
泳池
泵房
物业管理
地下车库
2950

剖面图

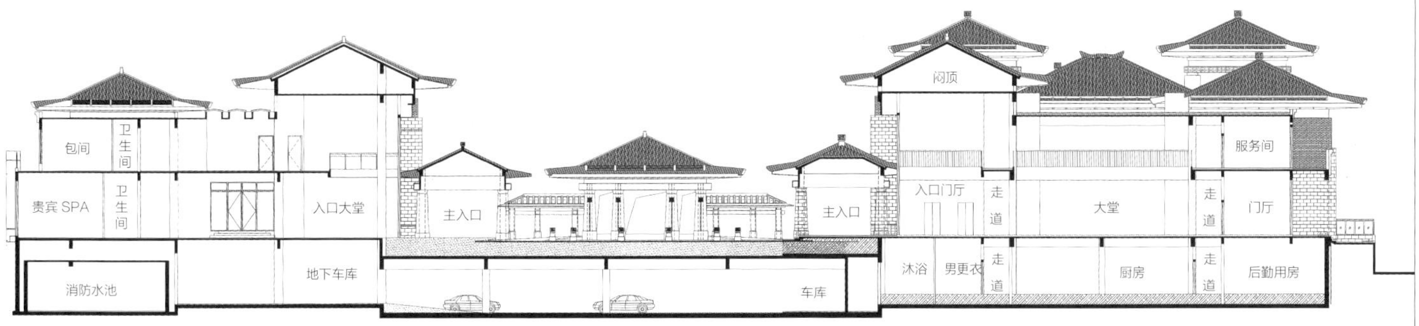
闷顶
包间
卫生间
服务间
贵宾 SPA
卫生间
入口大堂
主入口
主入口
入口门厅
走道
大堂
走道
门厅
消防水池
地下车库
车库
沐浴
男更衣
走道
厨房
走道
后勤用房

剖面图

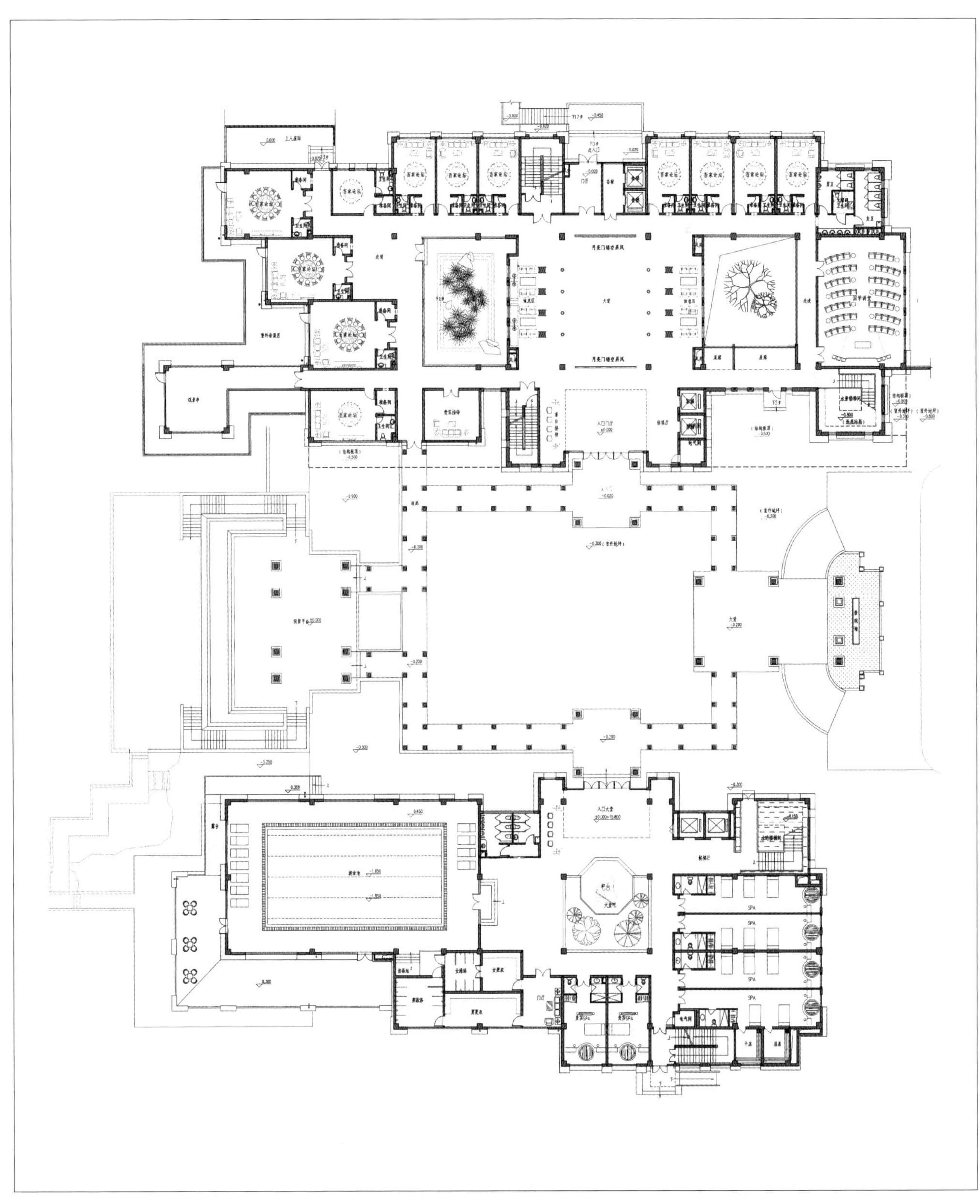

一层平面图

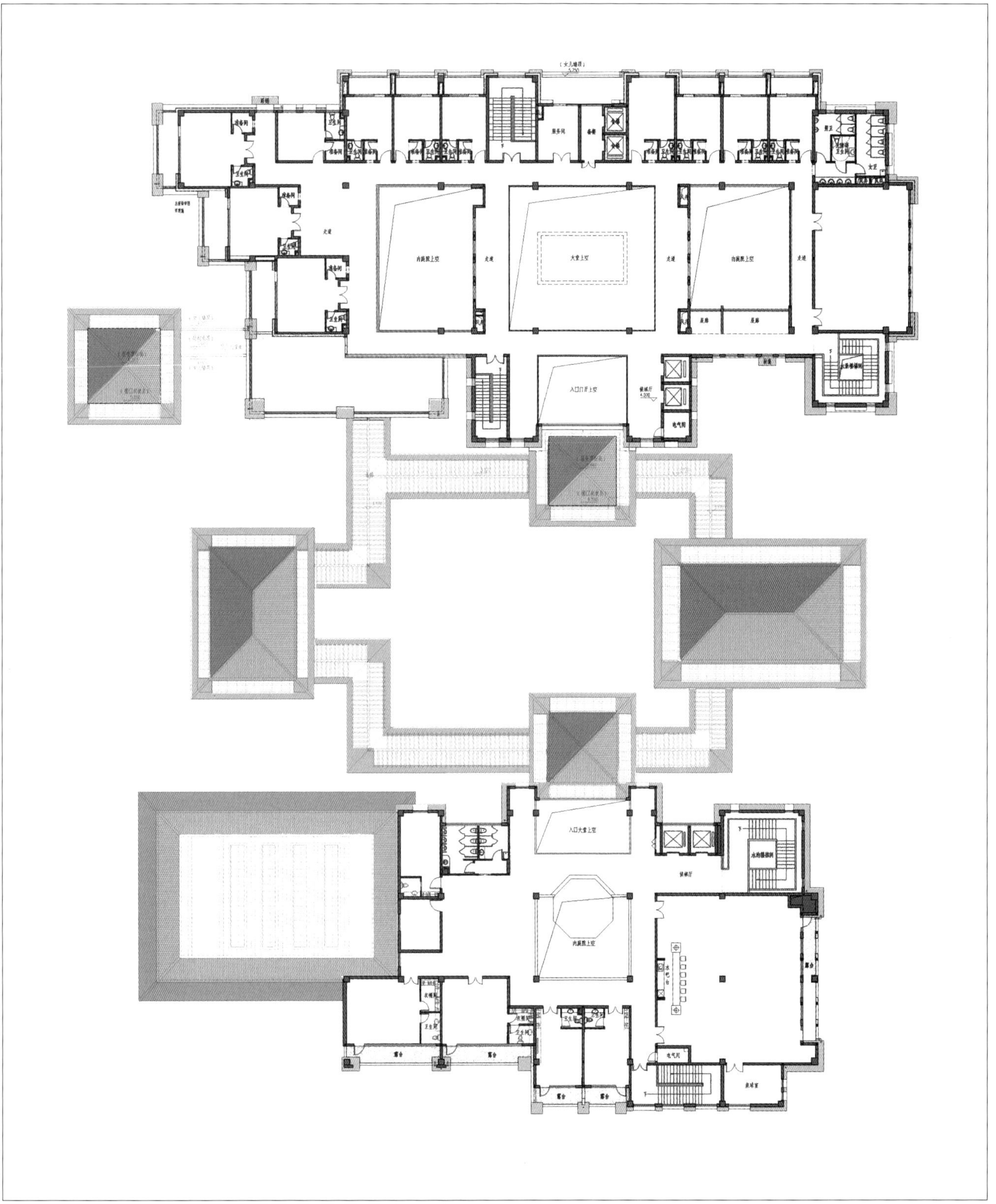

二层平面图

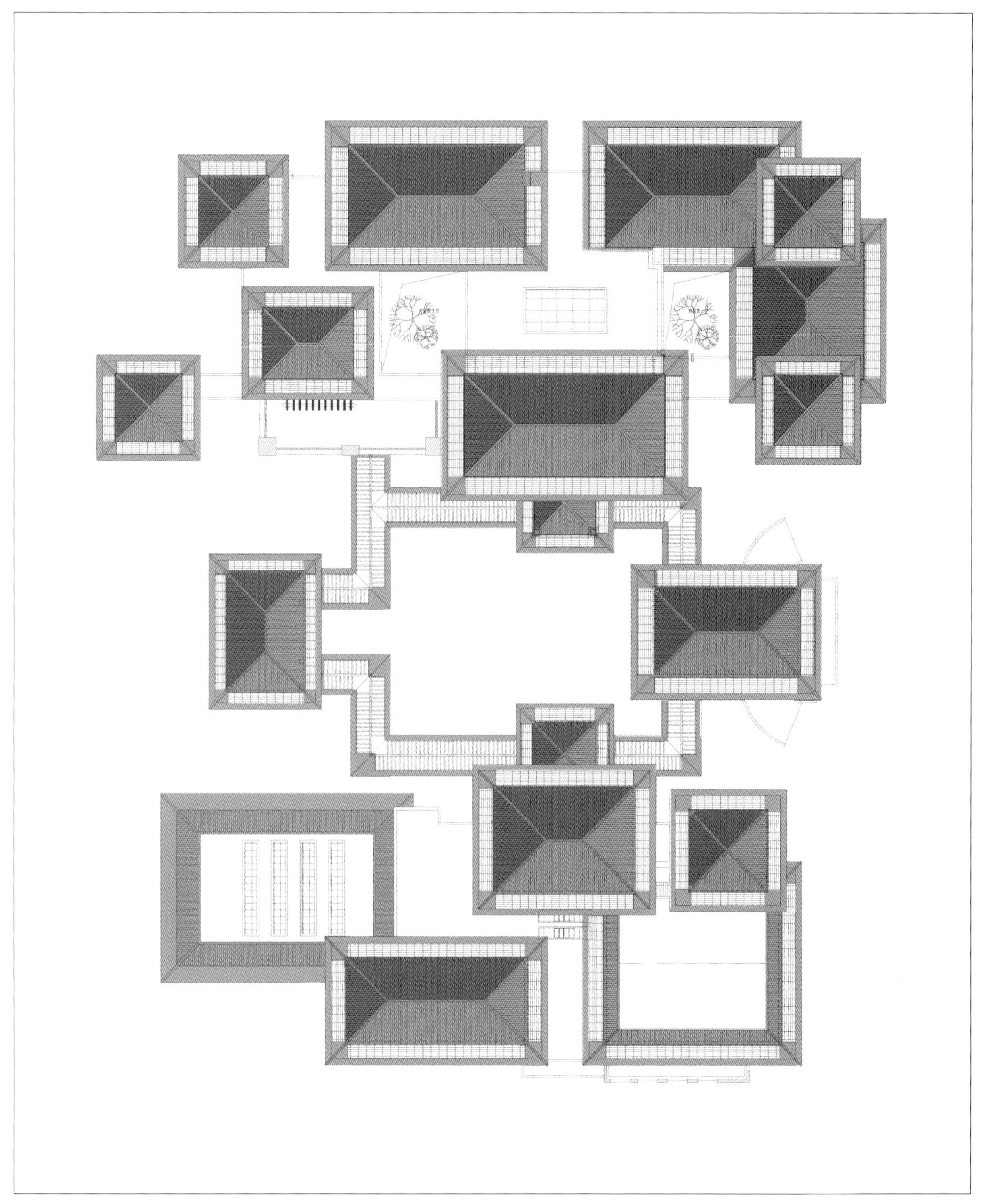

屋顶层平面图

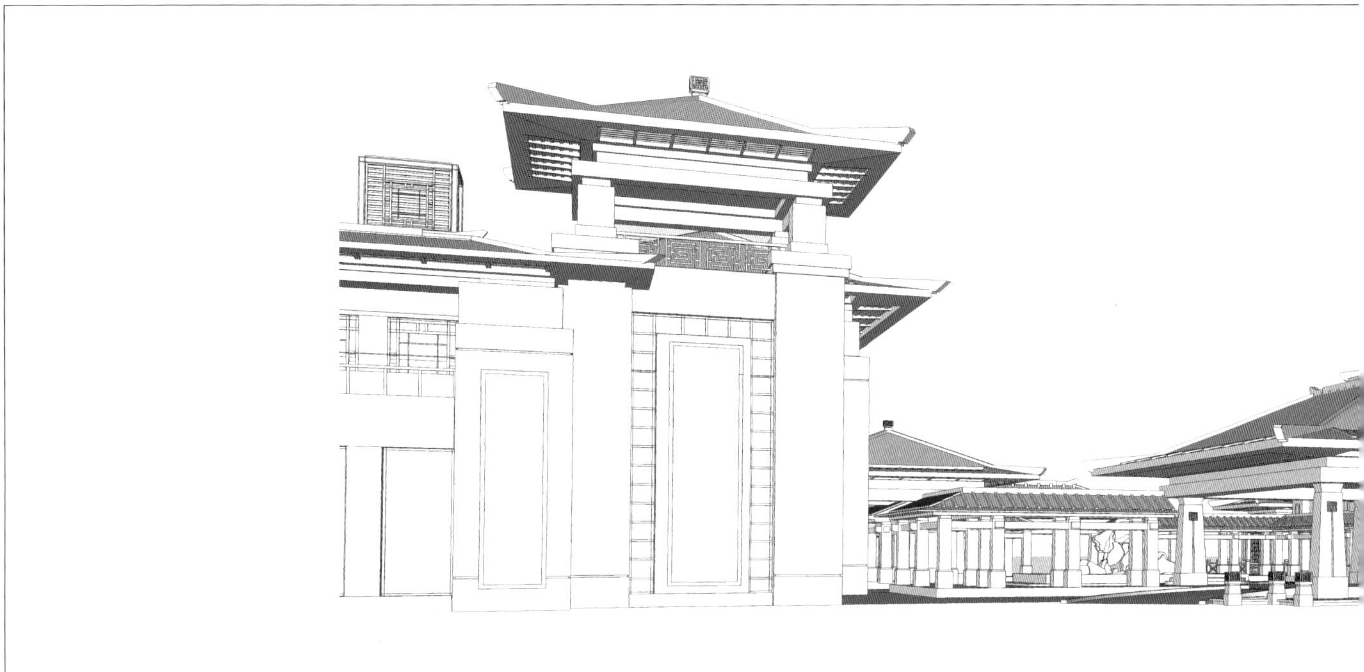

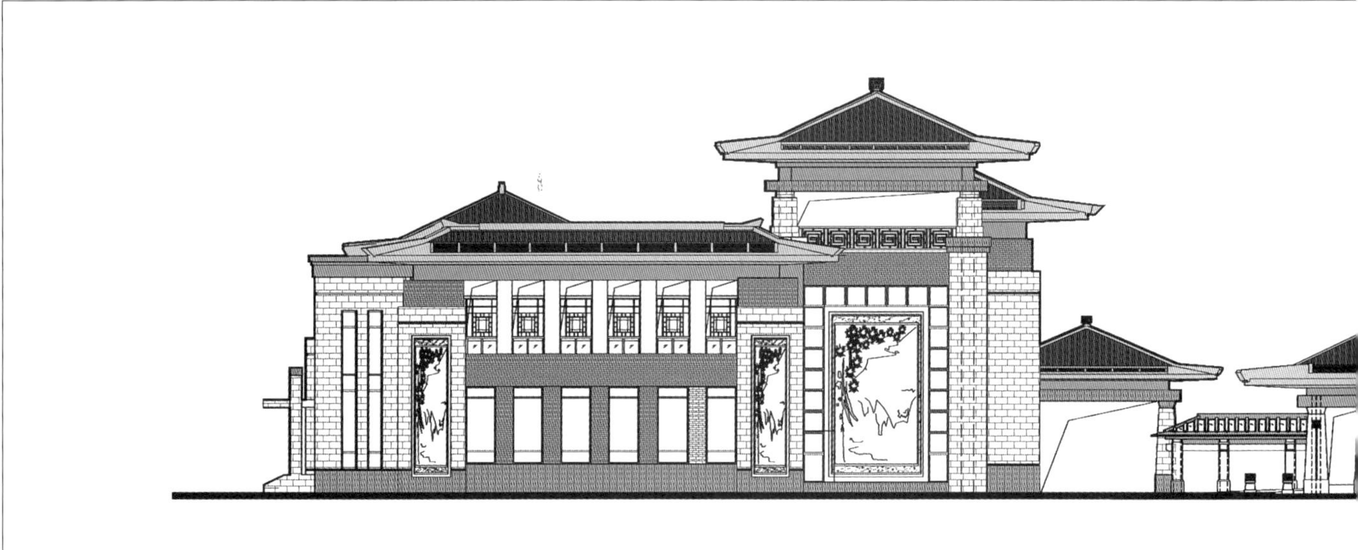

东立面图

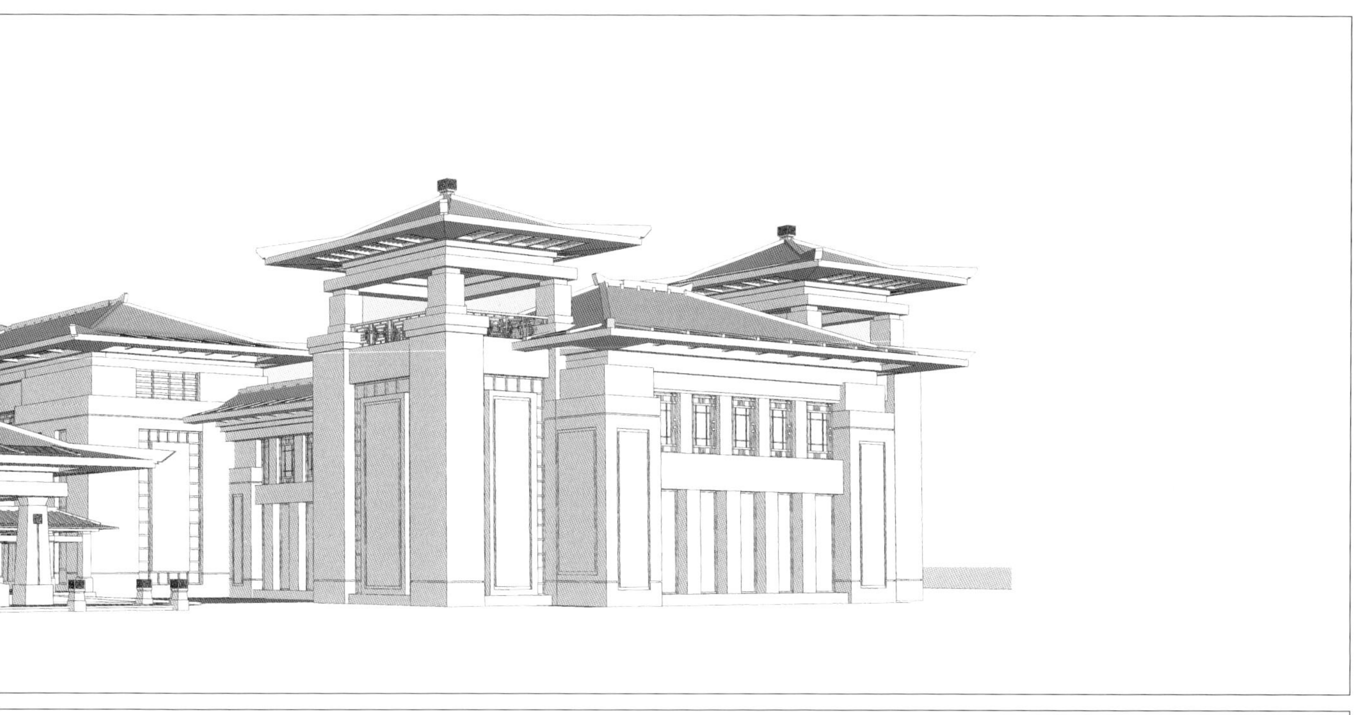

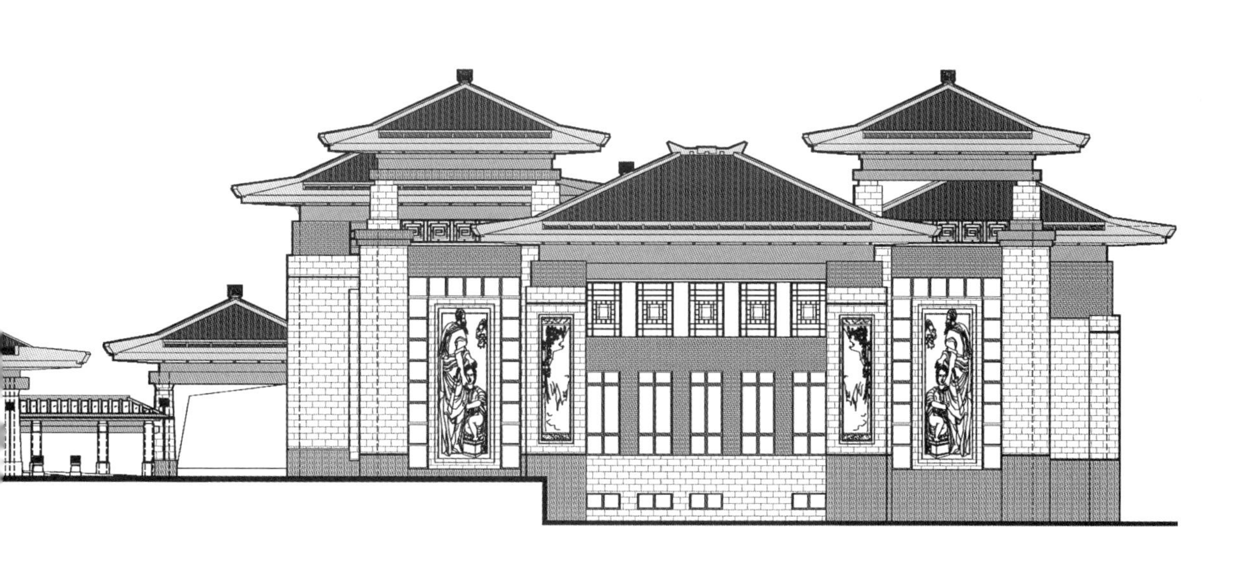

一层平面图

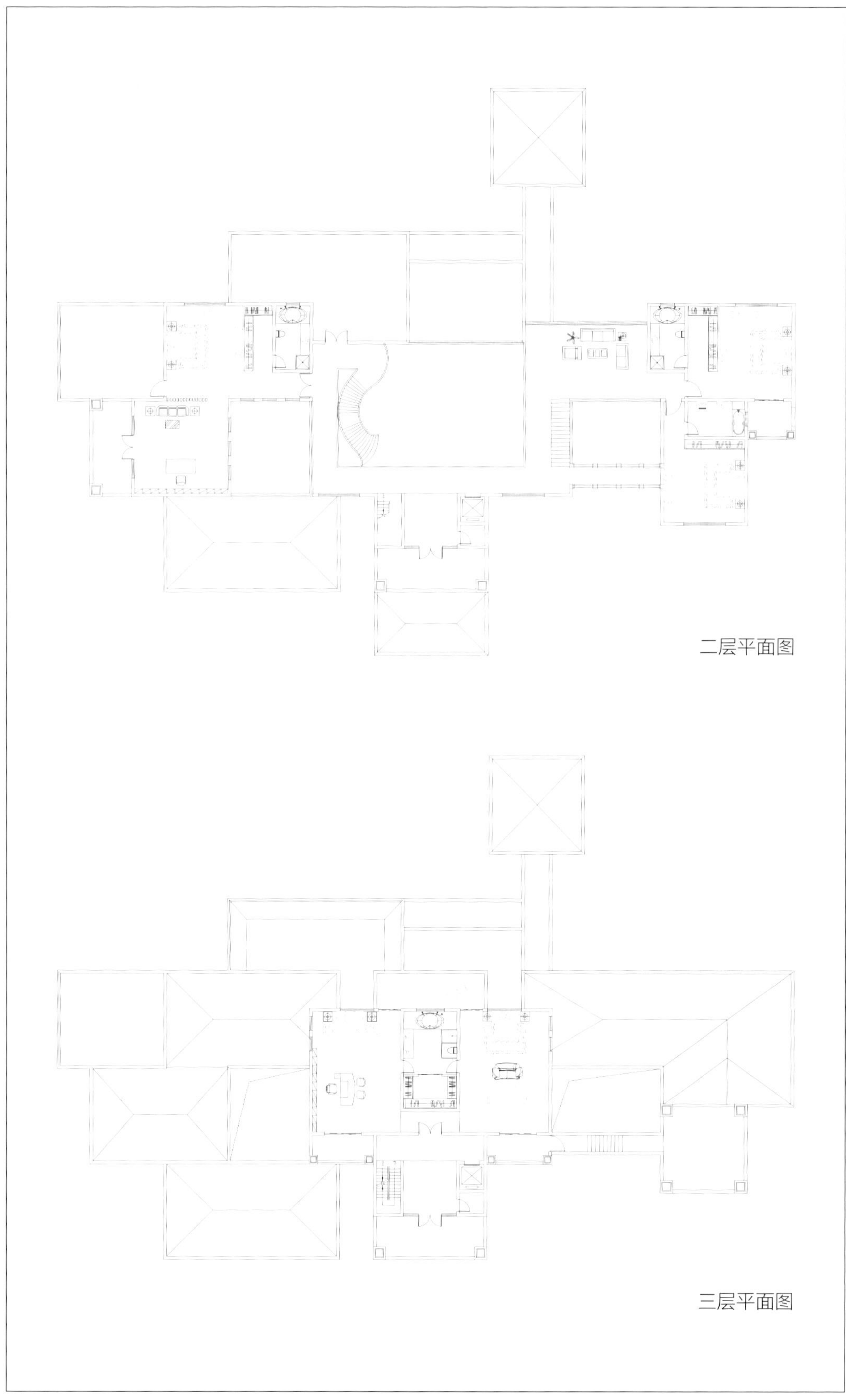

二层平面图

三层平面图

一处私家院落赏析

在项目南端的水溪旁，设计一处汉唐风貌的私人庭院。建筑屋顶采用轻质铝合金材料，使得出挑更加轻巧深远，没有使用传统的混凝土结构的笨重感；浅棕色石材墙面、深棕色檐角线条、灰瓦屋顶，屋顶部有红色镂空立方体装饰构件，于现代中体现汉唐之风，也更加贴合当地特色。

利用传统的院落平台，形成良好的空间院落关系，铸就小会所的儒雅之气。在坡屋顶的处理上，力求回归自然、错落有致，与周围环境融为一体。在细部处理上，集合现代手法，创造了尊贵典雅的现代本土中式建筑。

中国红嫂革命纪念馆

地点：山东省临沂市沂南县

设计时间：2011 年

完成时间：2013 年

建筑面积：1960m^2（新建）、650m^2（保留改建）

合作建筑师：张冰、朱宁宁、范新、赵娟

此地、此境、此情

中国红嫂革命纪念馆

此境生此情

中国红嫂革命纪念馆项目选址于著名的革命老区、沂蒙山区核心的古村落之中，当地生态环境原始静谧、与世隔绝，漫步其中，给人仿佛穿越时空回到旧时的感受。这里名叫“常山庄”，抗日战争时期曾作为山东党政机关的大本营。直到今日，山庄里依旧保留着原始古朴的村居门楼、小巷古道，偶然撞见的当地人也如故事中走来的老乡亲一般淳朴自然。而对于革命时代的遐想，从我踏入这片乡土的那一刻，便已随眼前的旧时光景，在心头悄然而生——“此境生此情”，沂蒙的革命情怀就渗透在这纯粹的山村古院之中，而这些古院的一草一木也仿佛讲述着沂蒙红嫂可歌可泣的感人事迹。

项目初期考察时所见的情景，使我的设计思想催生出强烈的“保留”意识，同时引发出对建筑与环境的进一步思考：东方人自古讲究与自然共生，建筑亦是如此。不同于西方建筑设计上独立而突出的一贯做法，东方建筑常因地制宜融入环境。当自然融入于设计之中，空间便拥有了生命，从而使置身其中的人滋生感情。自古华夏文人墨客“触景生情”留下千古绝句，诠释了“人，境，情”三者无法分割的牵绊。因此，面对充满情感的乡村故地，突兀的设计手法必然导致建筑与环境的不协调性。隔绝展览空间与周边自然条件将适得其反，不仅会打扰因境而生的情感基调，还会使人与空间无法产生亲和感。

因此，为达到“人，境，情”三者的和谐共存，我在设计中将建筑造型及体量居于次要位置，有意弱化其存在的同时，寻找方法将其充分自然地融入当地环境之中，使设计空间同时包罗建筑与自然两者，从而使到访者由山林进入展区的过程，演变为逐渐将自身缓慢推入特定时代和地点的过程。自始至终怀揣同一情感并不断加深，达到“空间微变而情感欲浓”的效果。

此地须此境

对当地原始村庄景色产生的情感，牵连着对沂蒙革命精神的敬仰，使设计的最初目标被定位为“突显当地特色”和进一步“如何理解沂蒙情感并使其融入设计理念之中”，从而使“本土化”成为项目的初衷，随之而来的是对当地环境的研究，以及对如何再现当年情景的探索。常山庄特定的历史人文环境和“红嫂精神”所要求的特殊展览教育功能，奠定了“此地须此境”的设计主旋律——最能恰如其分且原汁原味地展现红嫂故事的，正是当地最质朴的农户草屋、院落古道。因此，设计理应将历史场景保留继而展示于世人，做到对原有的居民建筑进行梳理，且统筹考虑参观流线及所需的展览空间，从功能上满足红嫂纪念馆的要求。

当建筑成为环境塑造的元素之一，而非独立存在的鲜明物体时，其可感知、触及的部位便成为一个建筑是否能顺利且和谐地融入所在环境的关键。人身处空间时的视觉、触觉、听觉甚至嗅觉都将影响到其对身处微观环境的认知。因此在设计中，通过对细节的把握，控制参观者对展区的各类感知，才能达到使人身临其境的效果。

首先，视觉感官是人和身处环境最直接的联系。我经过对当地旧时村居的研究，决定采用茅草顶和石块墙的本土建筑形态，同时在设计中加入当地植被的栽培，保持原有古村落特色。而建筑空间尺度上则延续乡村民居的规格，使展览空间更为亲人；其次，考虑到可能产生的触觉感受，我选用了沂蒙山地多有的石材及木材等作为建筑材料，并真正仿照旧时手工艺做法筑造；再次，利用细节上点缀的农具、花草以及对本土动物的引入及保护，营造园区内听觉和嗅觉上的隐藏氛围，更进一步加深访客对环境的整体感受。

设计意图在原始山村天然、自由的规划肌理上，将新增建筑与原有环境相融合，采用当地的本土手艺，使得建造方式自身即为乡土建筑的装饰。在造型上保留沂蒙山区旧时民居的基本元素，如“茅草屋顶”、“干插石墙”、“小帽头院门”等民间建造手法，材料就地取材，建筑浑然天成；而在村落中则加入“农具棚”、“团瓢”、“石铺路”等具有浓烈乡土特色的环境营造装饰物。展览功能则以院落的形式实现，一栋建筑纪念一位红嫂、每一个物件都再现当时的情景，从而使设计里的每一处院落都承载一部分革命历史的记忆。“红嫂原型明德英”、“沂蒙母亲王换于”、“沂蒙大姐李桂芳”、“沂蒙娘亲祖秀莲”、“拥军妈妈胡玉萍”……这些铭记于历史的红嫂精神领袖纪念馆是园区重点打造的核心空间。鸟瞰常山庄，“村中有馆、馆中有村”，生态自然、功能齐全、浑然一体，既保留了古村风貌，又赋予其鲜活的教育意义。

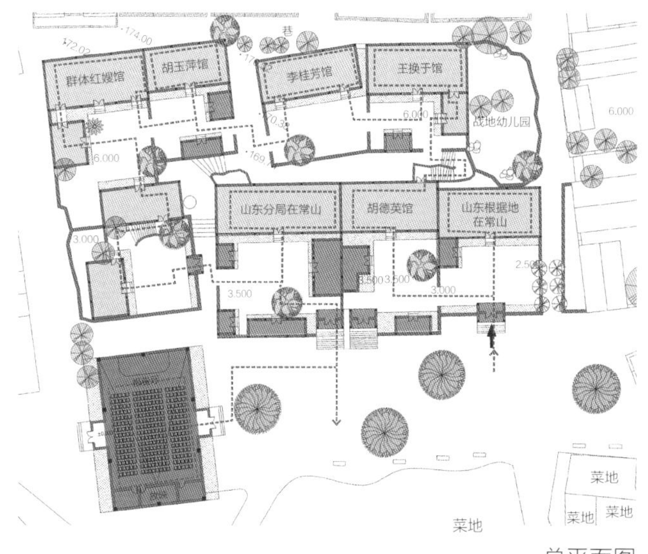

总平面图

干插墙

小帽头院门

此情唯此地

展览馆功能即展出相关陈列物件，从而向世人传达、陈述某种文化或精神。如果说展览的精髓在于其展出的内容，那么我认为展馆的设置则是真正表达这种精髓的血与肉。空间的设定、材料的运用以及装饰的手法，都融入了展馆设计者对于展览内容的理解与感受。

红嫂精神代表着抗日战争时期最普通的人民群众对党和红军的拥护及信仰，体现的是战争年代里一个个平凡而不平庸的女性那坚韧又慷慨的意志——“质朴而伟大”，唯有将人带回过去、带入她们的生活，才可使这般鲜活、感人至深的故事完整地传达出去。因此，“重塑她们的生存环境”便成为红嫂展馆的“血与肉”。离开这片环境便失去了设身处地的感受，没有茅草屋顶和干插石墙的房子，便看不到那些在生活里为革命事业奋斗着的身影。“此情唯此地”——只有身处她们生活的地方，感受她们的时代，才能真正在情感上与她们的精神共鸣。红嫂纪念馆建成以后，受到各方的一致好评，设计做到了通过对红嫂年代场景的真实再现，勾起了访客对战时真挚的情感回忆。我对本次项目的总结是：建筑设计一定要根植于本土，它属于“此地”、“此境”、“此情”。

沂南客运中心

地点：山东省临沂市
设计时间：2014 年
完成时间：2015 年
建筑面积：11684.1m^2
合作建筑师：朱宁宁、徐以国、王振亮、赵娟

地域 营造

沂南汽车站设计

沂南县客运中心的设计，是一次现代公共建筑中体现地域特色的实践，以期用新中式的设计思路，将现代建筑的“型”与中国传统建筑的“魂”相结合。

我与沂南之不解情缘

我的家乡在临沂，受儒家思想的影响，自幼对中国传统文化如痴如醉，这或许成为我探索现代建筑与中国传统文化结合的内因，沂南县客运中心的设计，正是在现代公共建筑中体现地域特色的实践。

沂南与汉文化之历史脉络

因与沂南县客运中心项目结缘，我重新挖掘了家乡的历史文脉，引发了新的思考。沂南，古属琅琊阳都，境内文物古迹、人文景观众多，阳都故城的文化遗址内，城内耕土下 1 米左右即是汉代文化层，汉代古迹有近百处，素有“齐鲁敦煌”之美誉；史载：“阳都，临沂之上游，英贤辈出，烟水之胜，轶于江南”。在灿烂的沂南文化中，汉文化留下了浓墨重彩的一笔。

汉文化与汉风古建之表里相依

在沂南出土的北寨汉墓中，有大量精美质朴的汉代石刻，结合古籍与汉石画像，我们可以把汉代建筑的风格特征概括为：古拙粗犷、结构简单、风格大气。汉代建筑尊重自然、顺应自然、天人合一。建筑上筑以高台，屋脊平直而短；屋面高度较小，坡度平缓；用材上以木料为主，兼以砖石；雕饰题材上有人物、动物、植物、文字、几何纹、云气等。屋顶瓦当，纹样很丰富，有动物纹，如四灵（青龙、白虎、朱雀、玄武）、龙、凤等，文字纹样多为“汉并天下”这类吉祥文字，另外还有一些描绘自然现象的云纹、火焰纹等纹样。汉代建筑在色彩方面，继承了春秋战国以来的传统并加以发展。

要说汉代建筑最为鲜明的特色，当“汉阙”莫属。汉阙是我国现存的时代最早、保存最完整的古代地表建筑，距今已有近 2000 年的历史，堪称国宝级文物，有石质“汉书”之称，是我国古代建筑的“活化石”。“汉阙”外观高大，最早用于防御、瞭望。汉代开国后，逐渐安定，故而其防御功能退化，礼仪属性增强。

如何将汉文化与汉风建筑特色与时代结合，在现代建筑中体现中式意境之美，成为我此次设计的出发点。

汉风古建与现代建筑之古风新韵

新建的沂南客运中心是乘客进出沂南的起始驿站，作为沂南与外界重要的联系纽带，是沂南重要的展示窗口，将成为沂南新的门户，同时作为沂南的标志性公共建筑，承载着发扬沂南汉文化的责任。

1.“汉阙”与建筑立面

主站房立面设计传承了汉代的“门阙”。“阙”因左右分列，中间形成缺口，故称阙（古代“阙”、“缺”通用，）“门阙”即大门。它的雏型是古代墙门豁口两侧的岗楼。主站房中央主体大实大虚的设计，用中间玻璃幕墙形成的虚，隐喻“阙”中间的缺口，形成供人进出的入口空间；两侧是实体部分，东西墙面向上内收，形似“阙身”，寓意左右“门阙”，主站房立面设计抽象出“汉阙”意向，隐喻沂南客运中心是人们进入沂南的大门，是沂南重要的展示窗口。

2.“汉为今用”与建筑屋顶

汉代遗物之中，大多屋顶坡面及檐口均为直线，但

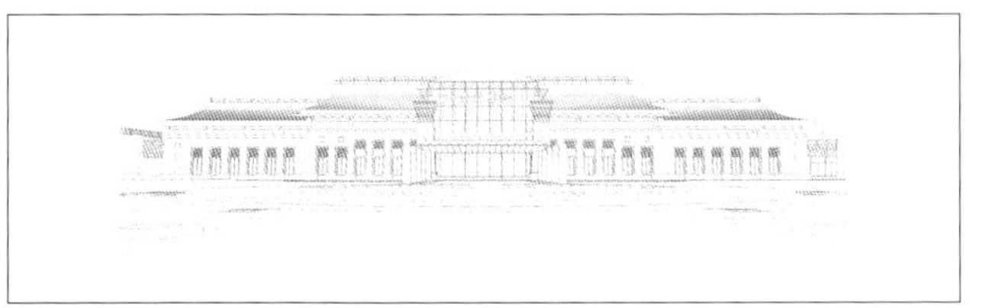

屋坡反宇的情况，偶尔也会见到。班固《西都赋》所谓“上反宇以盖载，激日景而纳光。”此为汉代通用的结构法。主站房屋顶两坡不相交，均用脊覆盖，在中部留缝，增加室内通风采光。汽车站的屋面遵守汉代建筑的韵味，屋脊平直，屋面厚重，给人以强烈的稳重感。

3.“汉风古韵”与建筑细节

山墙之上，结合内部功能，创造性地将两坡相交之缝拉大，内嵌中式纹样，打破传统山墙的单调。下部植入两处“汉阙”，造型上与主立面遥相呼应。《礼记・曲礼上第一》卷一说：“行，前朱雀而后玄武、左青龙而右白虎”，其疏曰：“朱鸟、玄武、青龙、白虎，四方宿名也。”我们提取汉代建筑中最具特色的装饰符号，即传统的瓦当四灵及汉画石像，点缀在主站房墙面，提升建筑细节品质。

现代建筑与功能流线之恰如其分

客运中心充分体现“无缝衔接，零距离换乘”等先进理念，实现客运交通一体化。室内空间坚持人性化的设计原则，体现了高效率、便捷性、以旅客为中心的设计思想。

合理的规划总平面，避免生产生活人员的流线与旅客流线的交叉。生产生活用出入口布置于主站房西侧，通过建筑造型设计和室外地面环境的处理，将广场的视觉中心集中在建筑中央。

空间引导性方面，以集中综合候车大空间为核心，做好建筑细部以及室内的引导性设计，并通过各种标识系统和采光照明的区别化设计．进行空间区分和人流引导。

功能分区流线组织方面，对候车大厅内不同的人流和功能分区进行详细组织。大厅汇集进站集散、候车、候车辅助、旅客服务等功能，通过入口处的长厅疏解售票厅人流，进站人流和服务人流通过候车厅两侧的通道疏解，同时可联系候车辅助功能和其他特殊功能，这样做到候车区与通行区的动静分区，避免人流交叉，形成高效率的候车模式。

功能流线与自然生态之亲切宜人

结合建筑内部功能流线布局，在适宜的位置采用低技派的节能手法，争取自然、生态的环境品质。屋顶采用了生态屋顶的设计理念，侧面屋顶采用轻质钢结构，抵挡日照辐射，上方屋顶设置了条形天窗，通过有效的遮阳处理，只允许漫射天光进入室内，在满足室内照明的同时，避免了直射阳光对室内的不利影响。同时，天窗通过室内的“热压效应”，加强了建筑内的自然通风效果，从而有效减少车站在过渡季节对空调的使用，降低建筑能耗。设置了雨水回收系统使得屋顶收集的雨水从雨水管流入蓄水池，然后经过系统过滤，用于植物的灌溉。

自然生态与在地沂南之匠人情怀

沂南县客运中心的建成，是我在现代公共建筑中体现地域特色的又一实践。在家乡盖房子是情怀，将地方特色和建筑结合，在现代建筑中体现中式意境是执念。如《离骚》中说的那样，“路漫漫其修远兮，吾将上下而求索”，对新中式建筑的探索，对中式意境呈现的东方美，将是我永恒的追求。

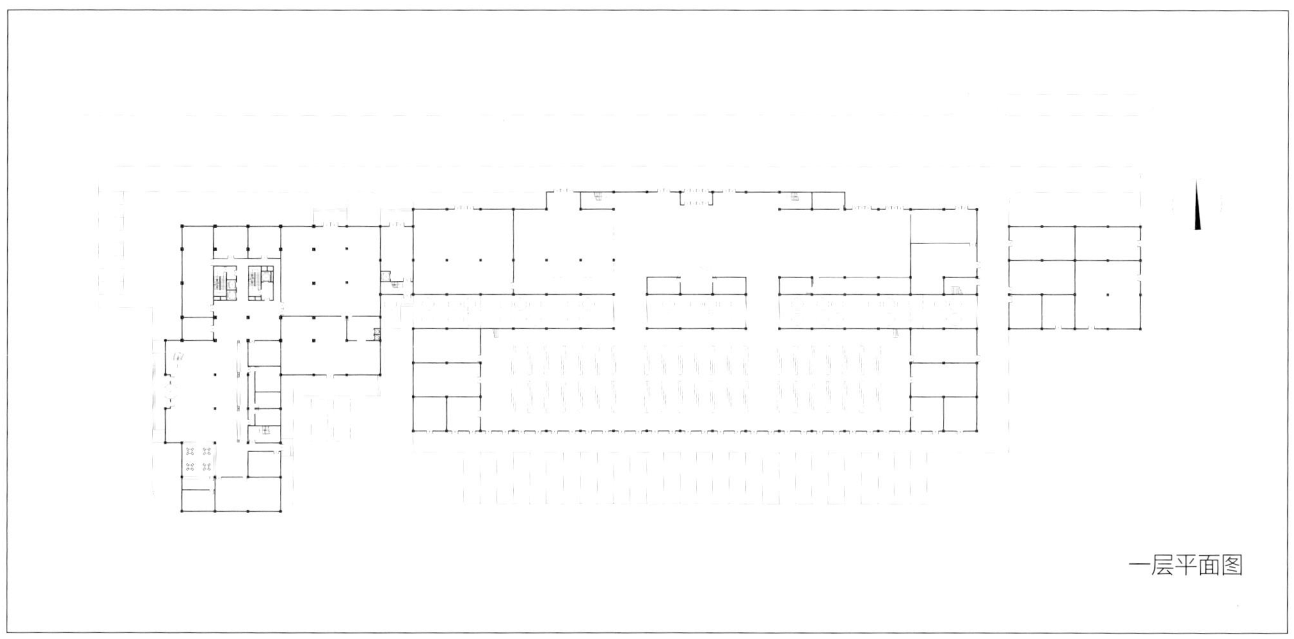
一层平面图

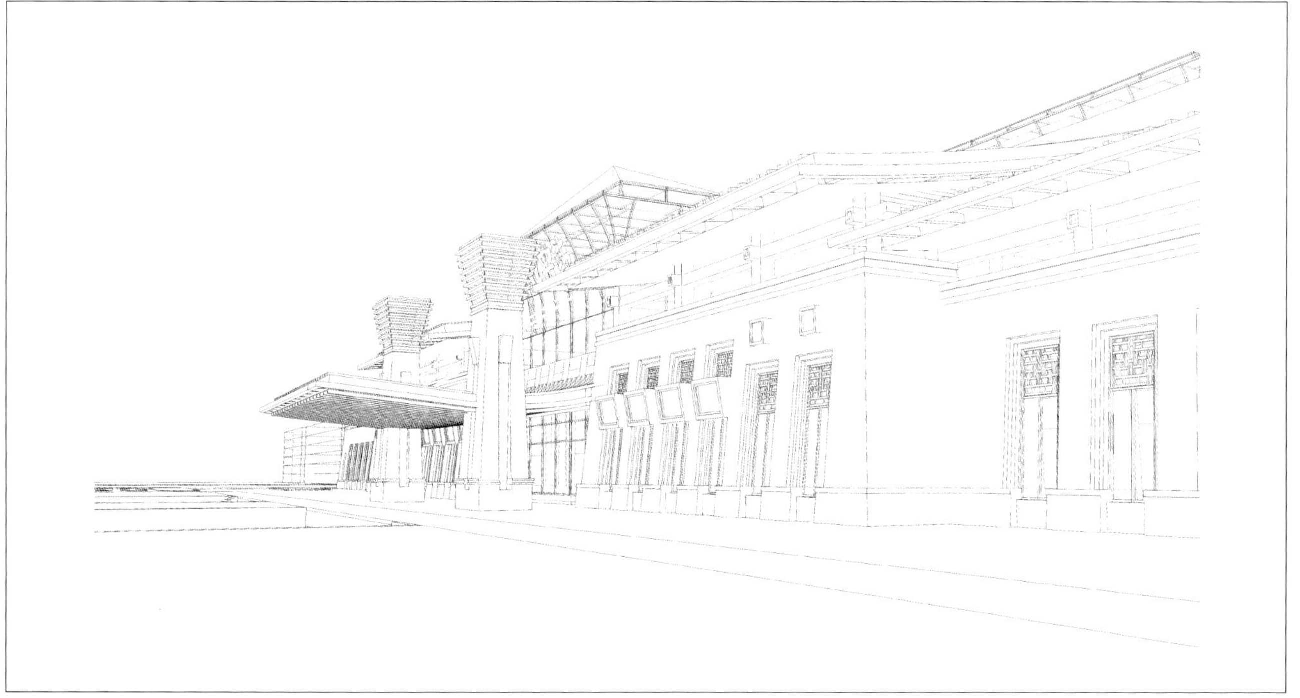

聊城 · 东昌首府

地点：山东省聊城市东昌府区
设计时间：2013 年
完成时间：2014 年
建筑面积：407957m^2
合作建筑师：朱宁宁、徐以国、赵娟

传承

聊城·东昌首府

本项目是在聊城中华水上古城规划的基础上进行的深化设计。围绕组院和街巷两个主题，通过分析原有老街巷的特点，设计围绕街巷形成的肌理，把整个片区联系成一个整体，围绕主要街道增设特色商业街，改善古城的居住、购物、出行等生活环境。

通过加强绿化，保护生态环境，充分利用原有地形地貌，防止污染，设计力图营造高质量的生态环境，达到旅游及居住的环境标准。

结合城内的现有水系和角楼，在每个片区的角部或中央设置公共园林景观区。绿地系统依托西南角的小西湖公园，在服务于游客的同时，又为每个居住组团提供了休闲娱乐场所。城市单元的中心地块以合院式住宅和联排式住宅两种形式组成。临街巷的建筑可以作为民间特色小商业使用，采用前店后宅或下店上宅，灵活方便。完整的院落还可改造为家庭旅馆，为旅游者提供零距离接触古城的机会。

院落及建筑营造均体现出北方明清建筑的风格和特点，同时也对院落做适当的改进，增加院落内的景观绿化面积，更适合现代人居住。

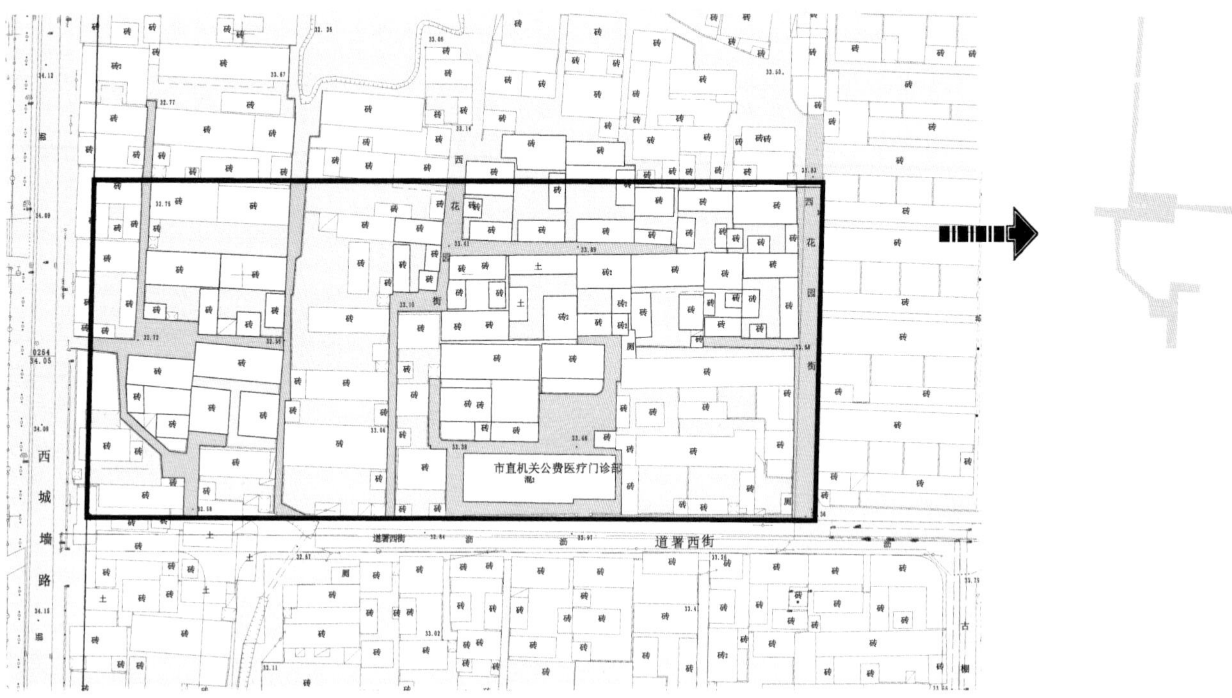
西城墙路
道署西街
西花园街
花园街
市直机关公费医疗门诊部

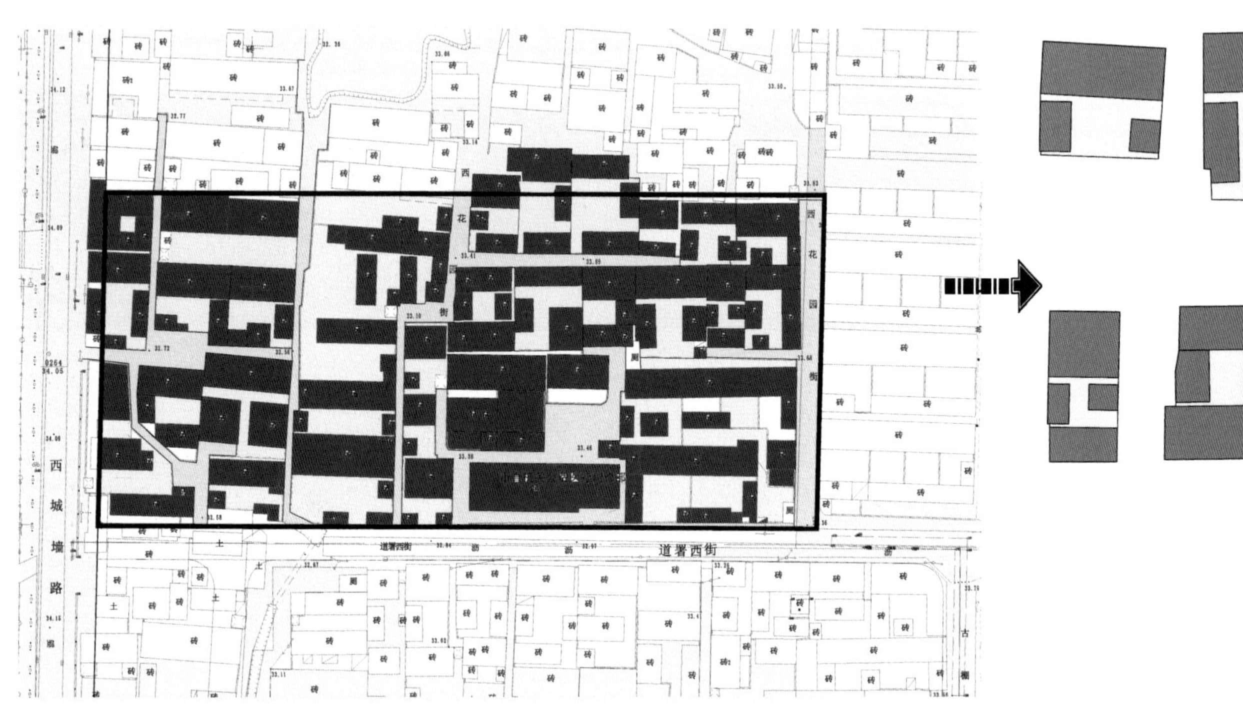
西城墙路
道署西街
西花园街
花园街

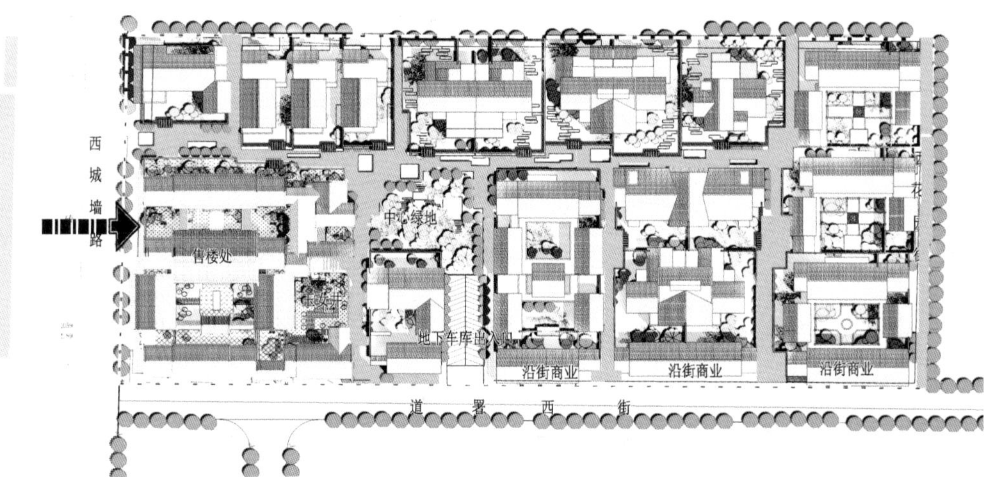

原来街道肌理有曲折变化的特点，街道形式宽窄不一，收放有致，承载了居民交通和公共交往的功能。但是由于后期搭建等原因，使街道肌理有些琐碎，尽端路和不通透的街道增多。规划时考虑将原有肌理进行整合和优化，在保持原有特点和功能基础上进行稍微变动。

规划考虑尽量保持原有街道肌理的整体结构，保留两条南北通透的西花园街，将街道东西方向打通，利用建筑和院墙围合街道，使规划的街道营造出历史街巷的气氛，保持传统功能和形式。

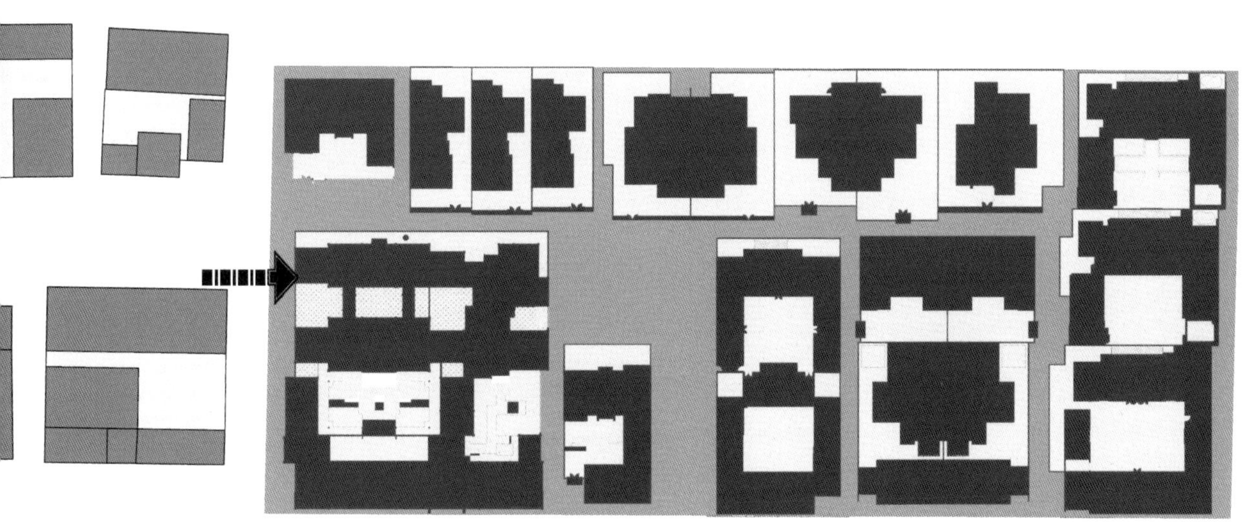

分析原有住宅形式，形成对当地院落空间的认识，总结当地原有居住空间，将这种院落空间布局特点运用到设计当中。

结合传统的居住空间形式构成规划与建筑设计的主要思路，并且考虑到现代人对交往空间和私密空间的追求，设计中利用建筑和院墙围合成院落空间，也形成了公共的街巷空间。

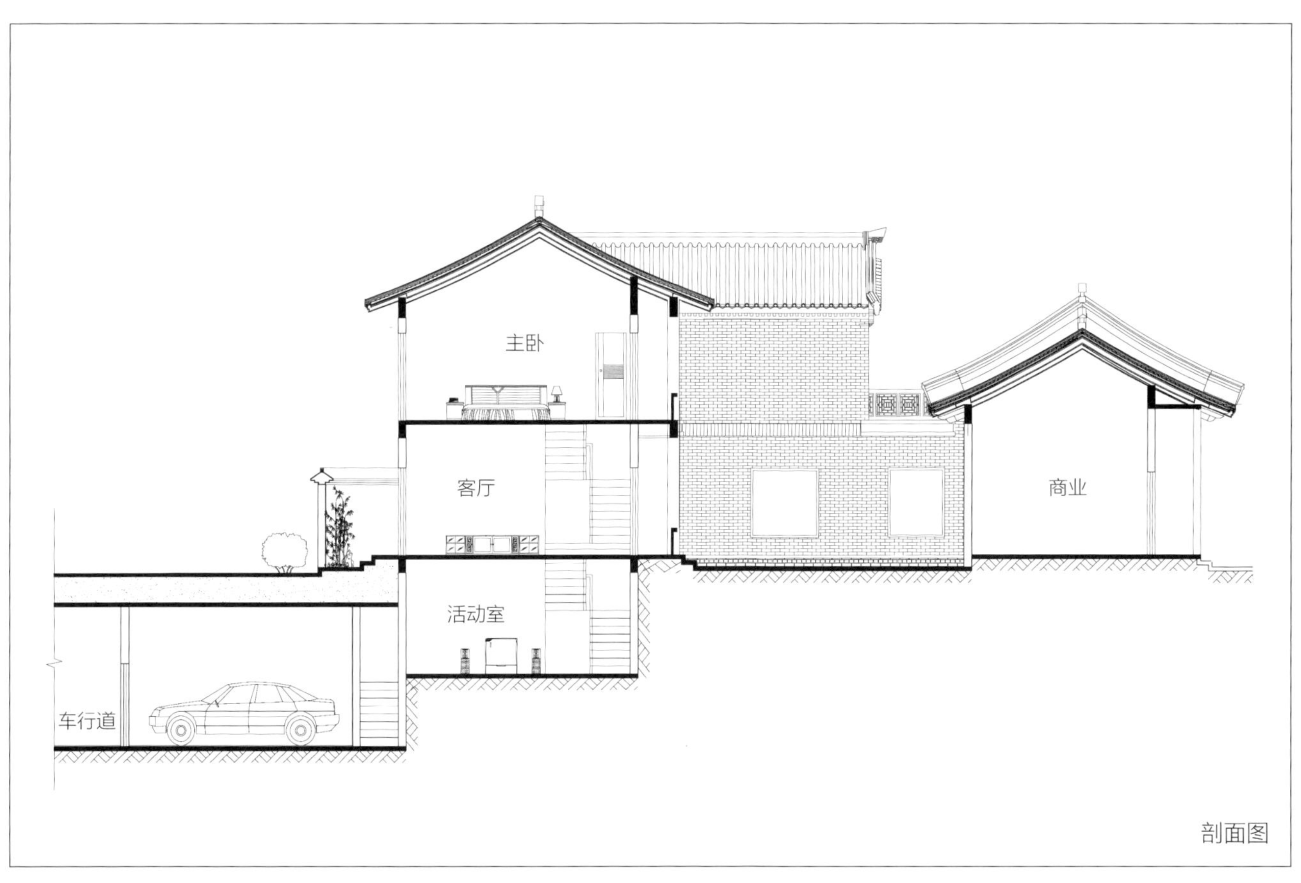

剖面图

剖面图

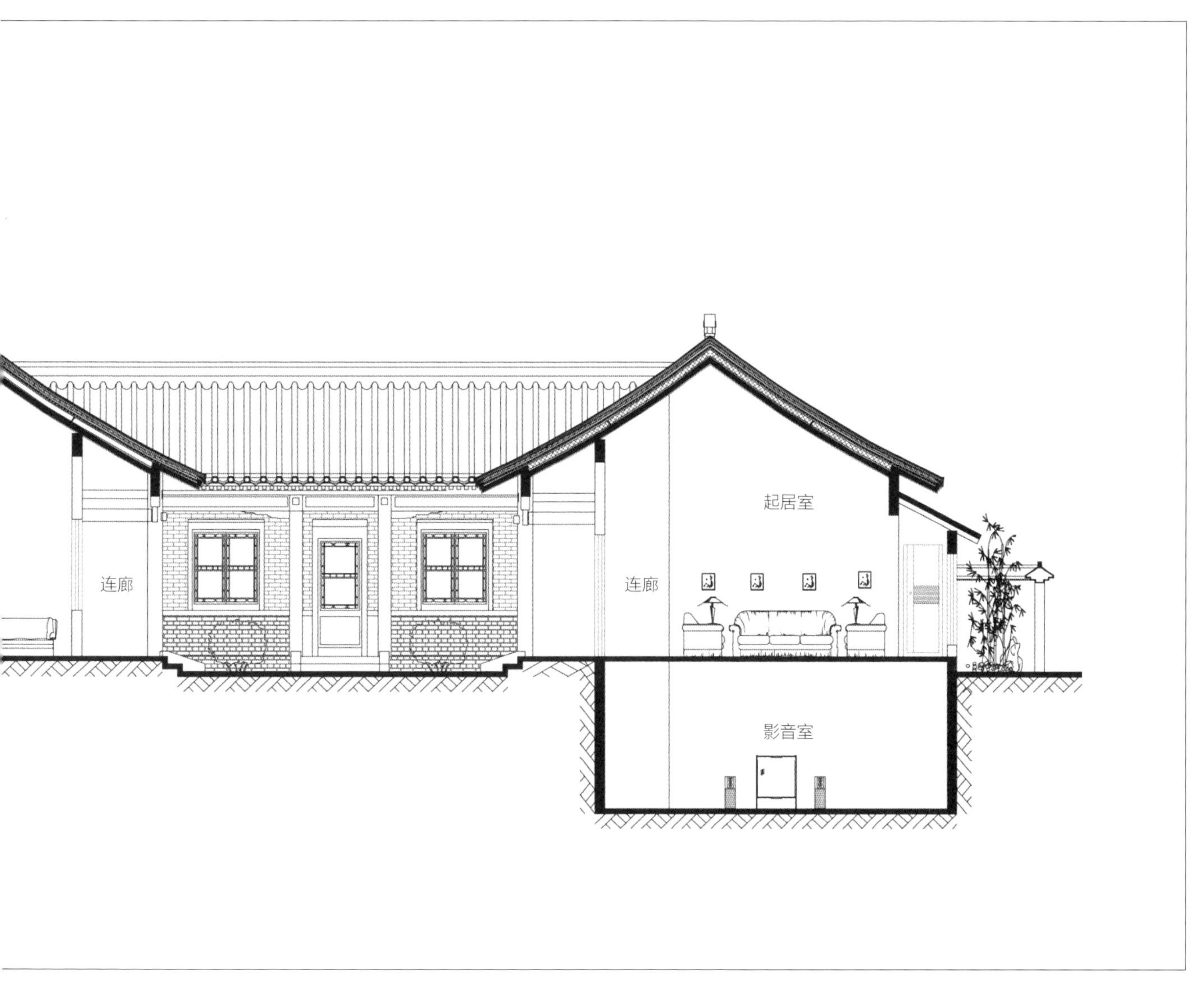
起居室
连廊
连廊
影音室

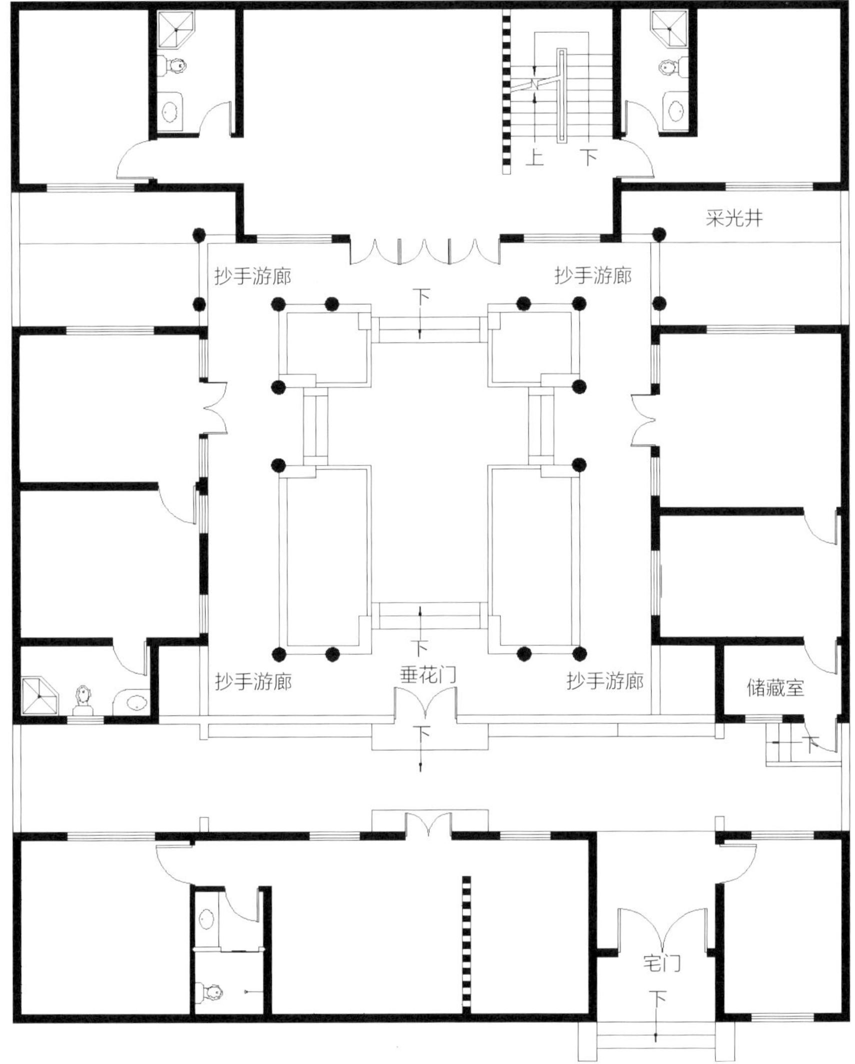

一层平面图

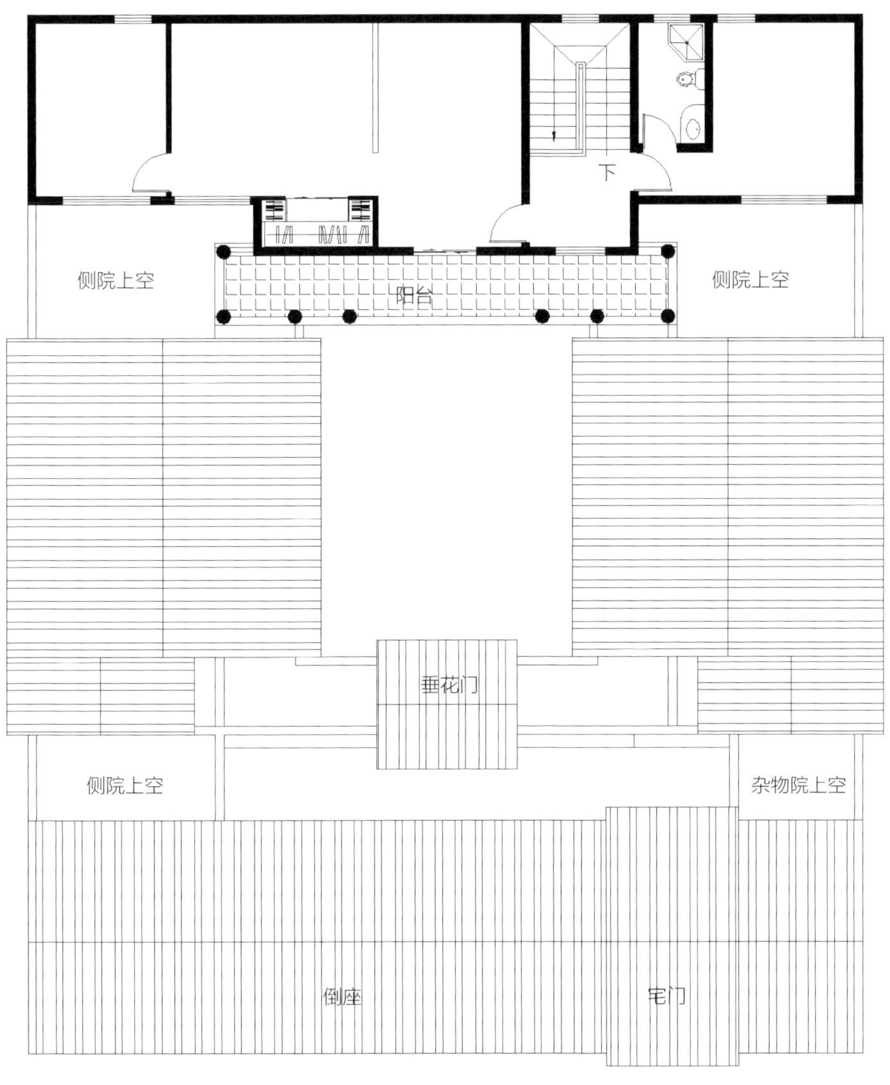

二层平面图

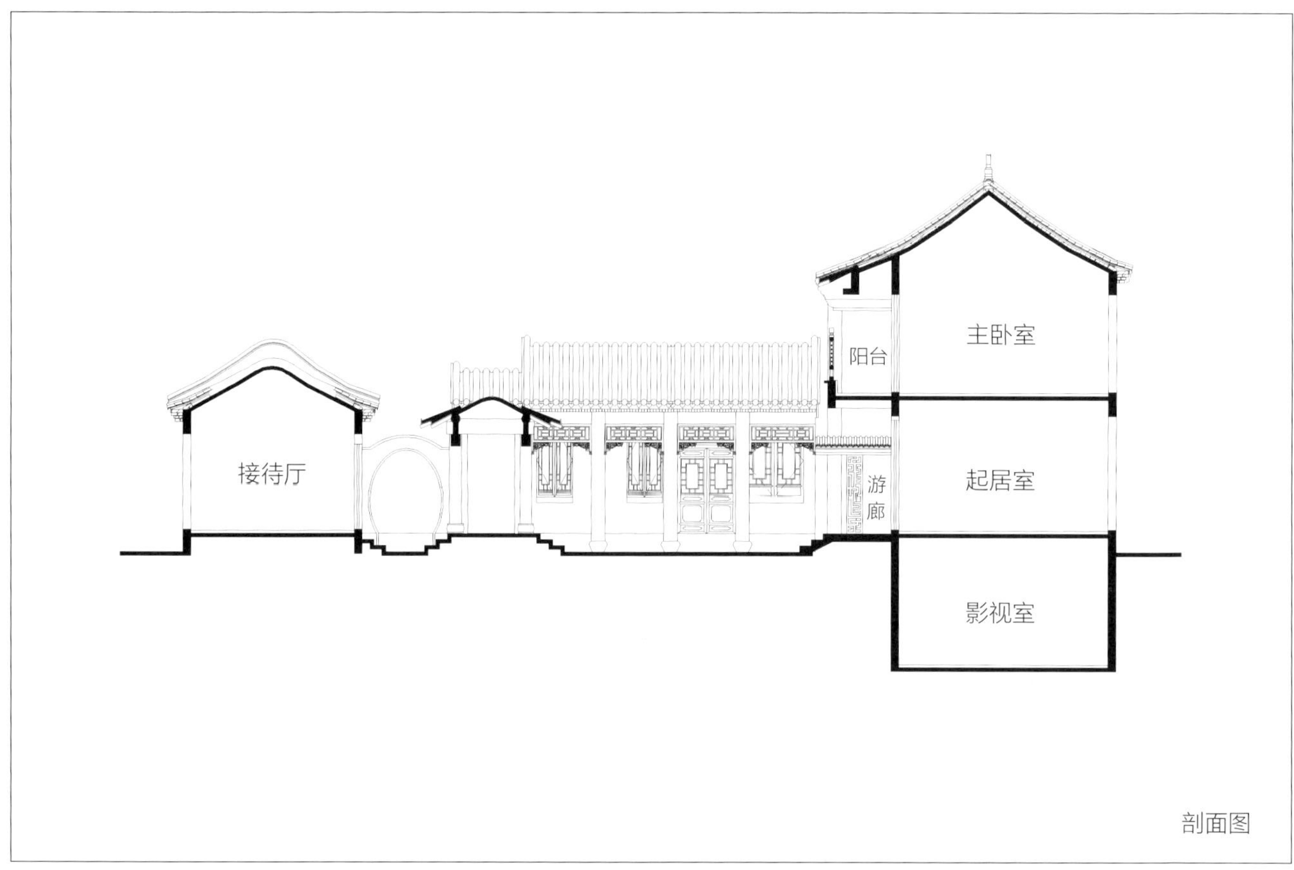
主卧室
阳台
接待厅
游
廊
起居室
影视室
剖面图

实践·雅

ARCHITECTURAL WORKS

聊城·名人堂

地点：山东省聊城市东昌府区
设计时间：2016 年
完成时间：2018 年
建筑面积：20948m^2
合作建筑师：朱宁宁、徐以国

院落与秩序

聊城 · 名人堂

东昌府这个从明洪武元年（1368 年）沿用至今的名字有着深厚的历史渊源。这是一片历史的土地，东昌府衙的旧址就在这里，但是现代人难以一睹东昌府衙的容貌。令人欣慰的是古城可以复建，人们将穿越历史，穿越时空感受这个古代等级森严的建筑形制。聊城古城保留着颇具特色的城市轮廓，四面环水的格局使她成为名副其实的江北水城，作为重点打造的 4A 级旅游景区，本项目作为重要旅游景点，将为特色古城的打造增光添彩。

聊城古城区域有零零散散数个名家故居和纪念馆之类的建筑，很难形成一个按照时间序列展示的区域，作为游客也很难系统地对当地名人有一个集体的认识。作为序厅，功能上一方面为认识整个聊城，另一方面是在展示空间中为以后的名人展示留下余地。体会古人的处世哲学，从过来人身上汲取智慧，名人堂北侧书院的设置为喜爱国学，对传统文化感兴趣的人士量身打造的一个清静之地。

名人堂的最大特色莫过于建筑整体设计采用明清的建筑风格。在明清建筑风格的基调上，提炼聊城当地的建筑布局形式，遵循“起”、“承”、“转”、“合”的建筑韵律，通过在轴线上依次设置牌坊、文武广场、名人堂入口大厅、垂花门、大殿等建筑设施，将空间划分成若干个大小不一的院落，并通过轴线关系串联起来，从而营造出纪念建筑庄重肃穆的氛围。

名人堂相对封闭管理，同时又要兼顾与其他道路的联系。通过建筑与围墙形成封闭展览空间，同时开设南侧大门，与广场联系，西侧门与依绿园联系，北侧门与商业联系，东侧小门方便展品的运输出入，西南侧设置独立的办公出入口，最终形成布局合理、功能明确的展馆建筑。

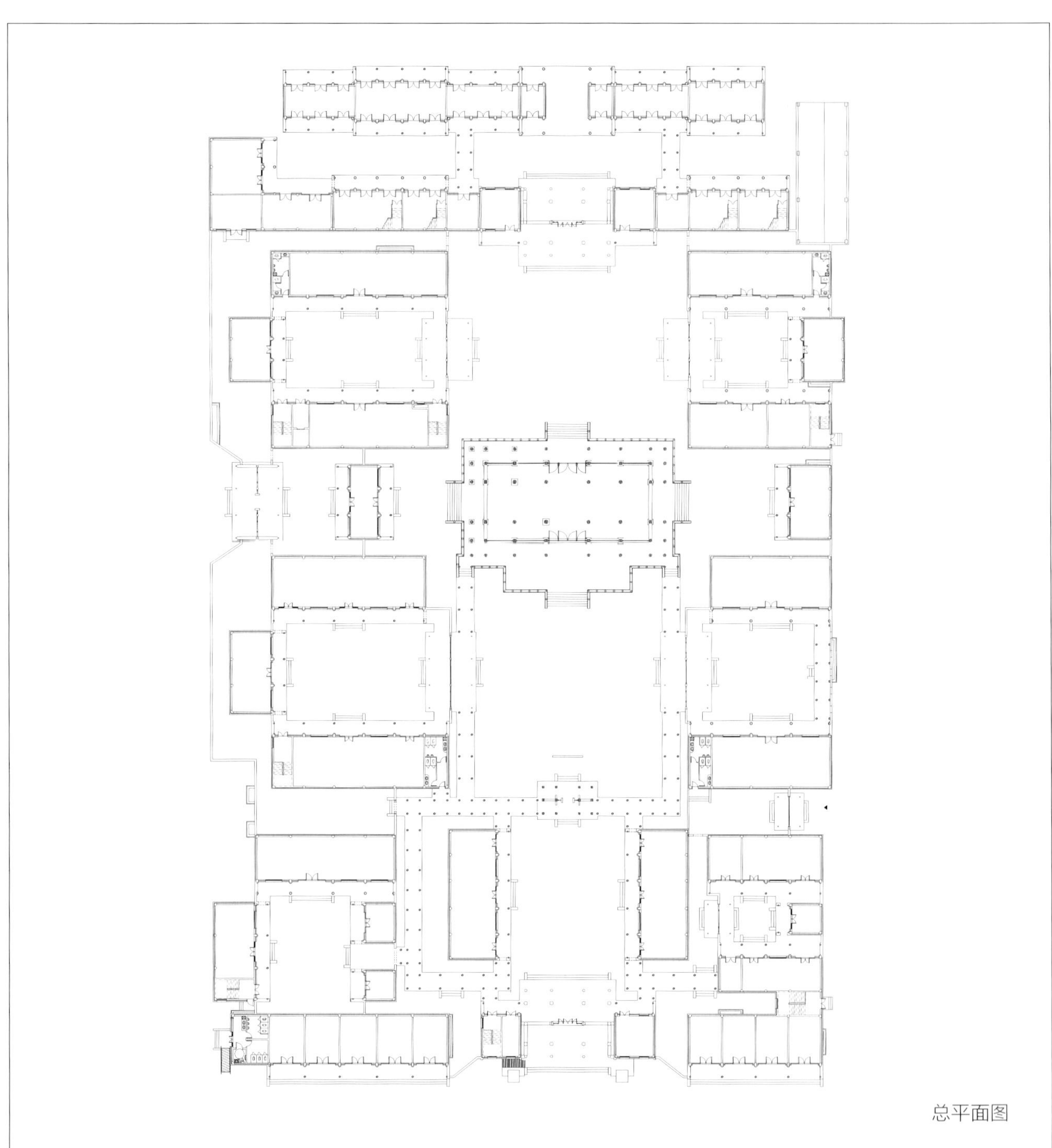

总平面图

北城墙路
北顺城路

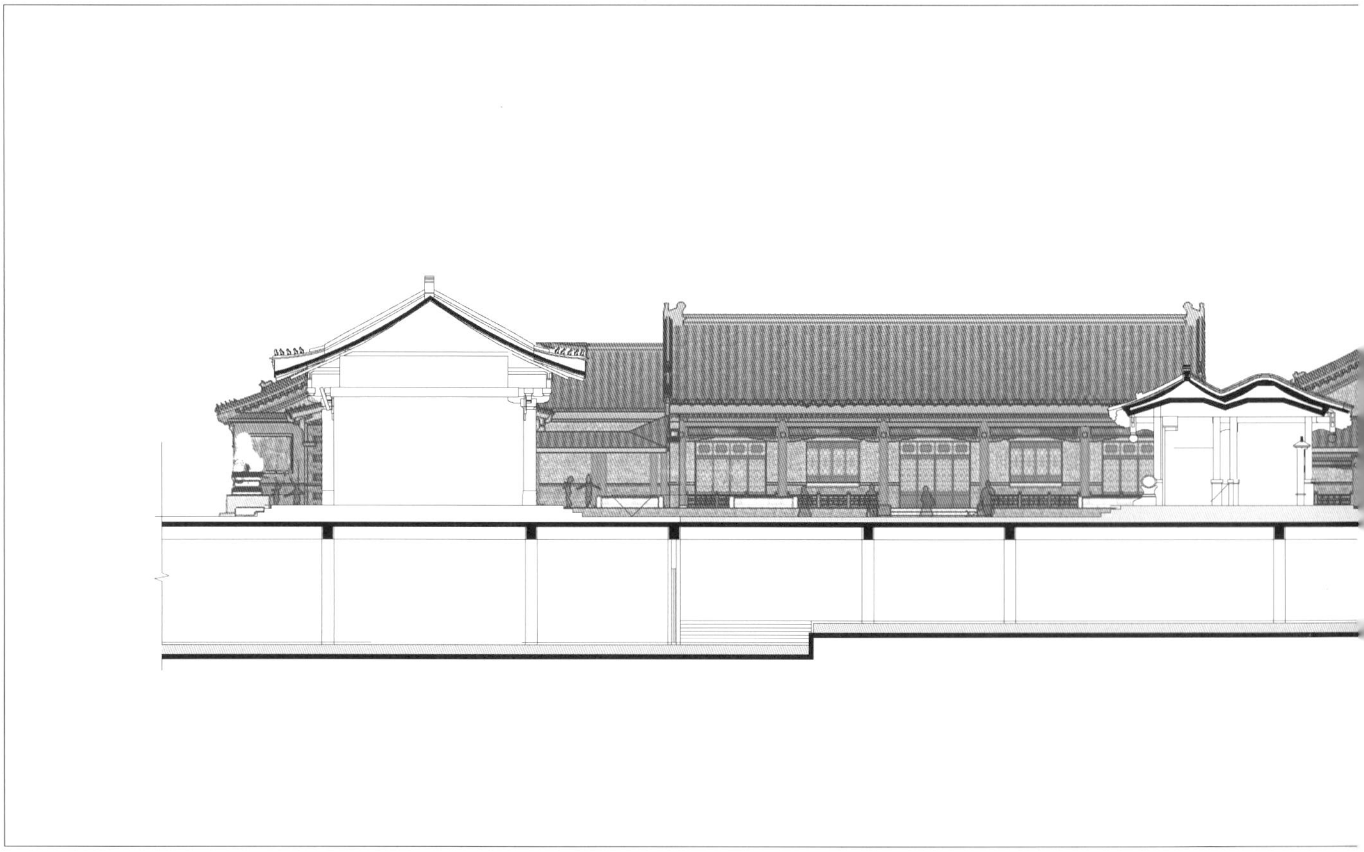

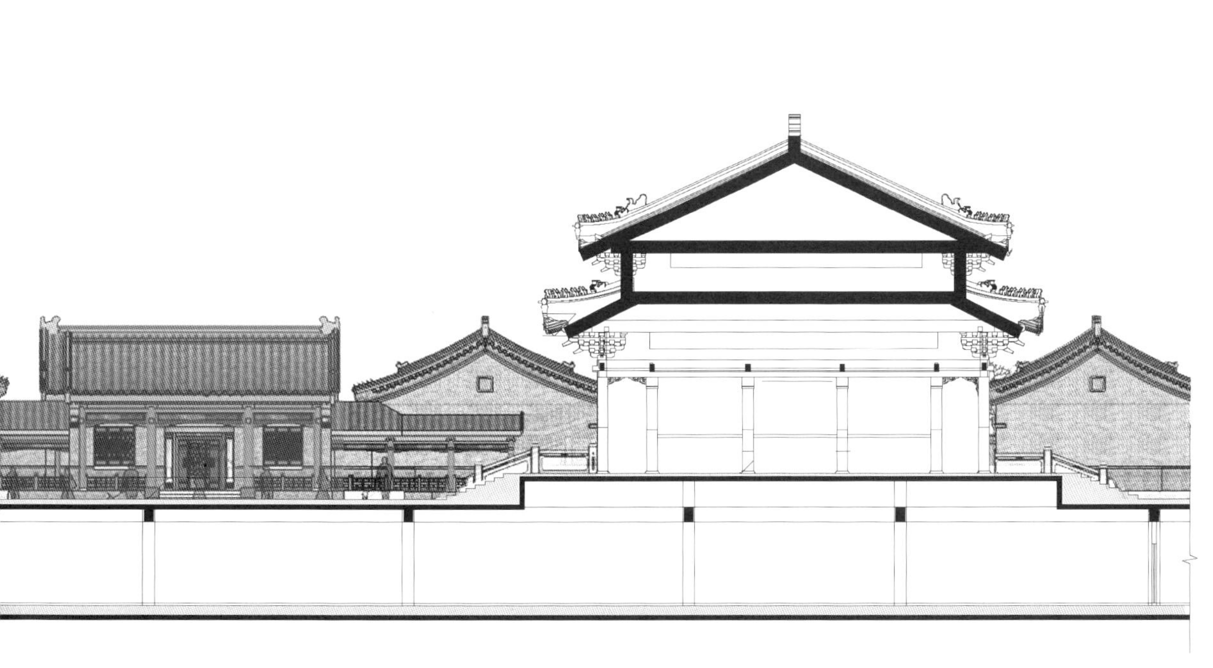

剖面图

臨沂大學圖書館
LINYI UNIVERSITY LIBRARY
临沂大学欢迎您!

临沂大学图书馆

设计类别：文化类建筑设计
建设地点：山东临沂
用地面积：6.8 公顷
建筑面积：6.5 万 m^2
设计时间：2005 年

临沂大学图书馆

象征性与标志性

本项目位于临沂大学校园中轴线景观大道尽端，依山而建，建筑共七层，为中心区体量最庞大，功能最复杂的一座建筑。图书馆设计藏书容纳量 400 万册，设计阅览座位 7200 个，并设有档案馆、学生自修室、休闲餐饮中心、书店等。设计立意取自于沂蒙山区特有的“崮”。以尊重校园规划为理念，注重人与自然的和谐。顺应校园高低起伏的地势和功能需求，将图书馆设计为形似“崮”的集中式建筑，建筑周边逐层退台，时而局部出挑，层层叠叠相互错落，逐渐向中部升起，整座建筑犹如山体般自然生长，既解决了建筑本身的功能需要，又形成了丰富、明确的外部形象。建筑四周轮廓如丘陵般平缓起伏、化解了巨大体量所带来的压迫感，减轻了对周围环境的压力。图书馆以单纯而明确的“山”的形象与高低起伏的校园融为一体，实现了建筑与环境的共生。在这里，图书馆既是一座建筑，又是校园里的景观。整座建筑坐落于台地之上，粗重的建筑实体从台地中升起，通透的玻璃又从实际中生长出来，仿佛巨大的石块叠砌而成的具有力量感的建筑，显现着强烈的原生感与时代气息。图书馆独特的建筑形象，暗合了沂蒙山质朴浑厚、自强不息的性格，同时寓示着临沂大学一步一个台阶、蓬勃发展、蒸蒸日上的美好前景。图书馆的特殊位置和功能决定了其作为校园核心建筑的空间使命，共享中庭位于平面的构图中心，不仅是图书馆的空间核心，更使整个校园入口序列及外部空间在此处得以延续和升华。

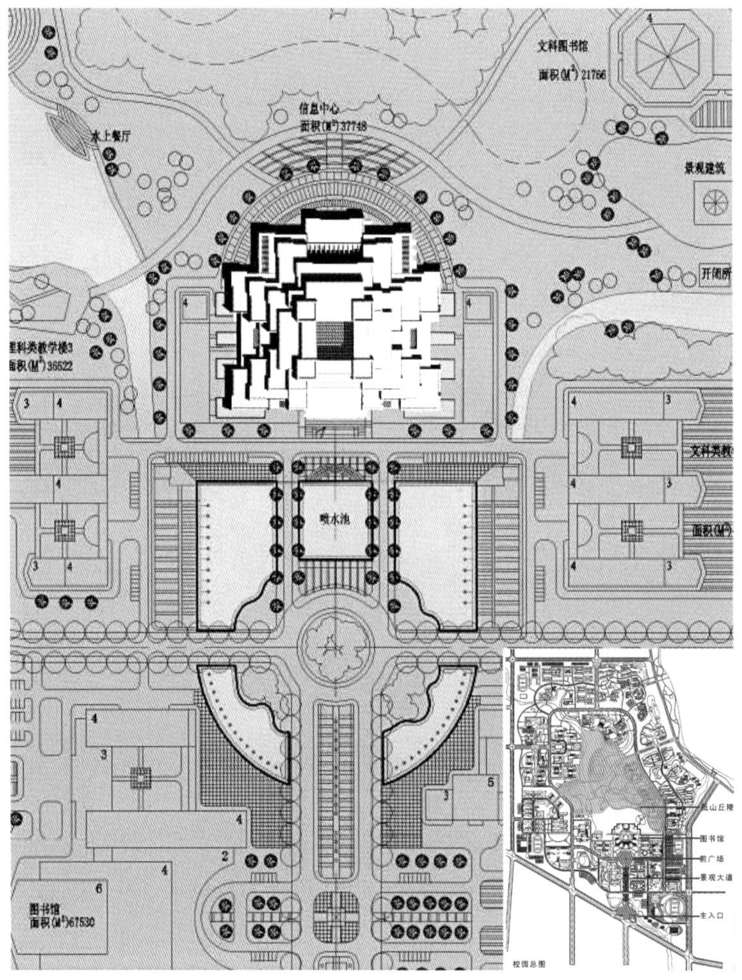
文科图书馆
面积(M²) 21766
信息中心
面积(M²) 37748
水上餐厅
景观建筑
开闭所
理科类教学楼3
面积(M²) 36522
喷水池
图书馆
面积(M²)67530
图书馆
前广场
景观大道
主入口
校园总图

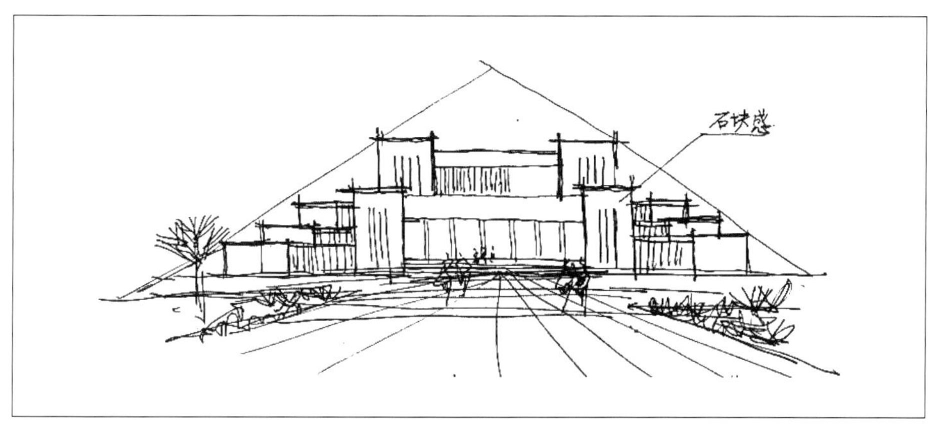
石块感

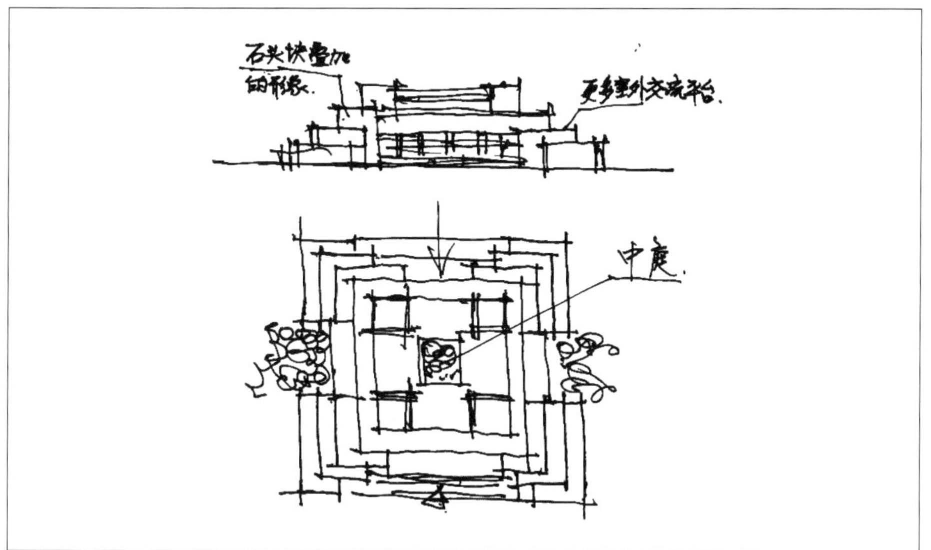
石头块叠加
的形象.
更多室外交流平台.
中庭.

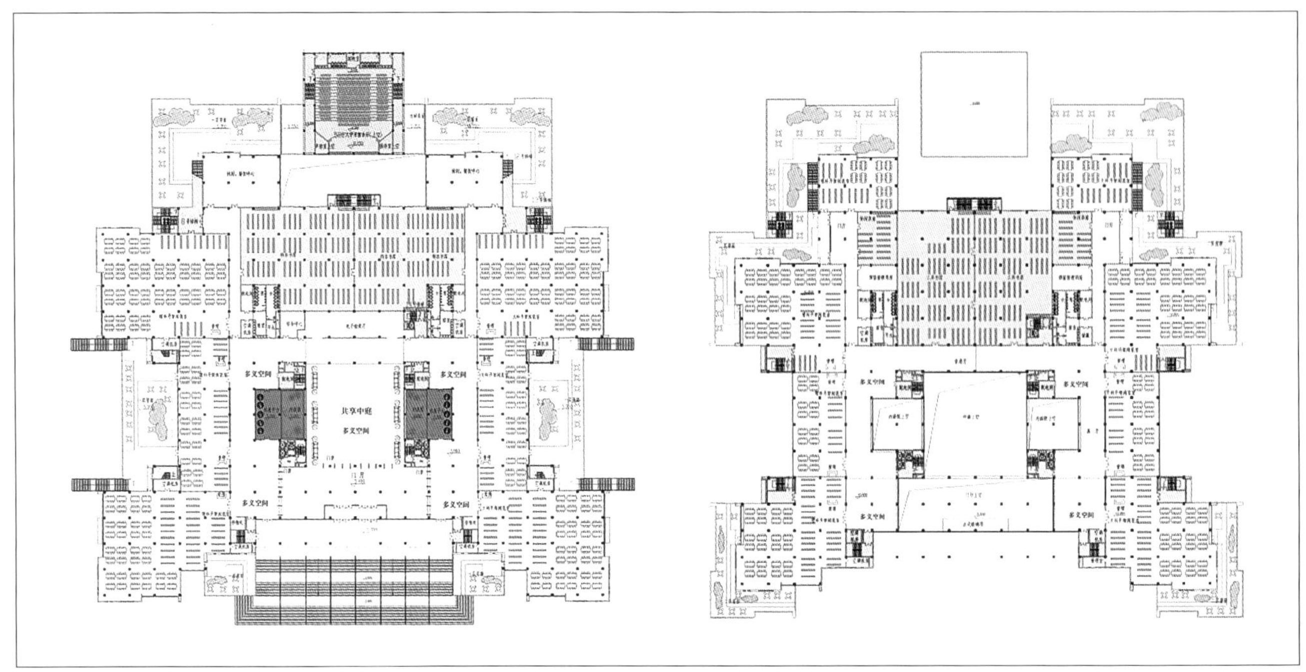

平面图

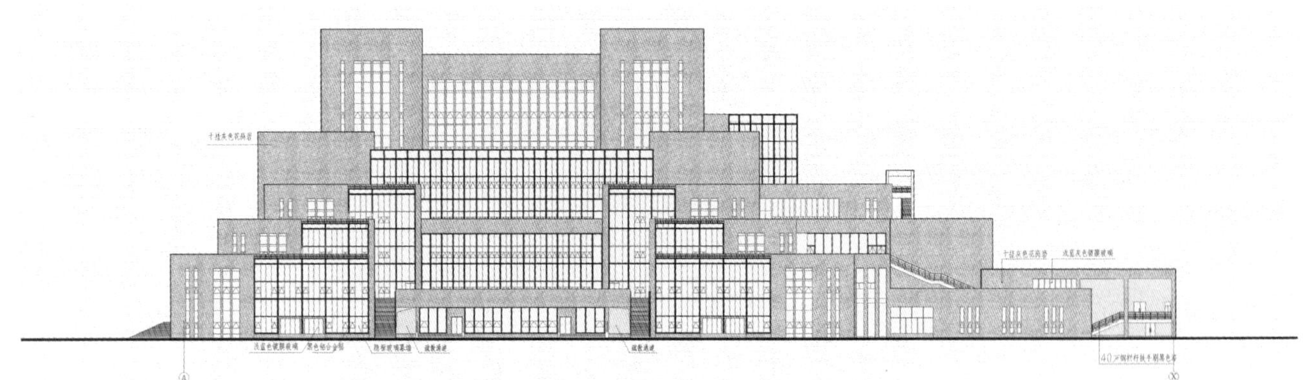

立面图

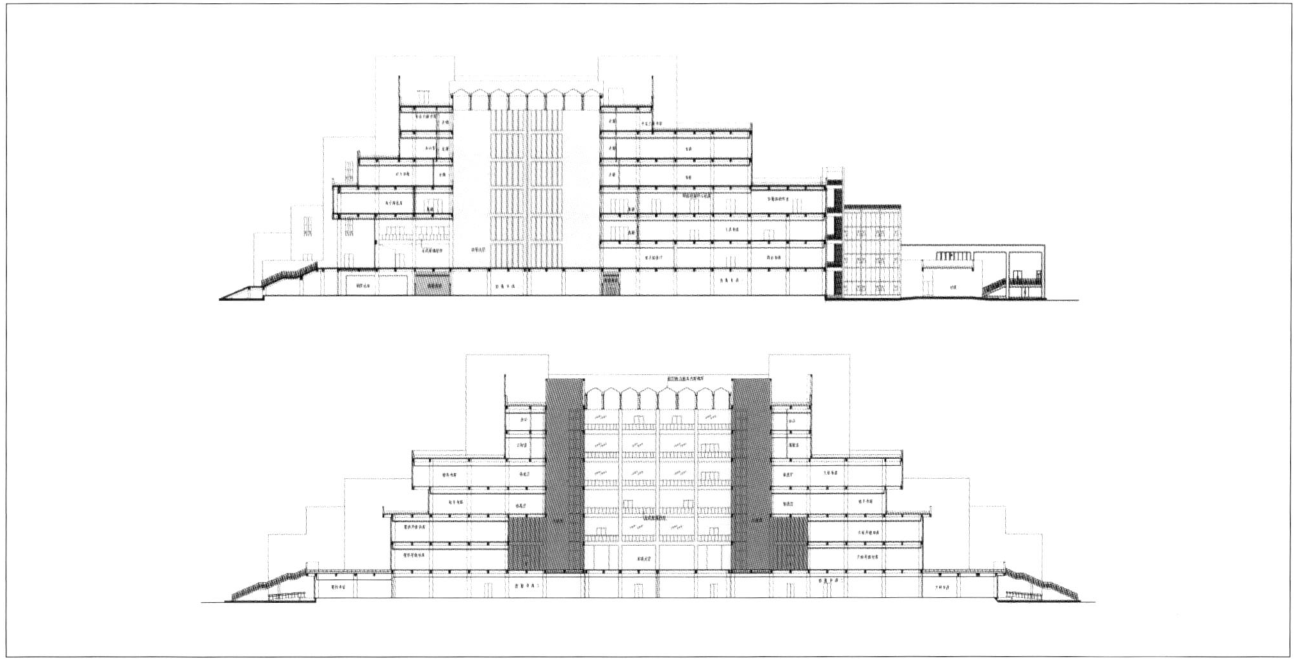

剖面图

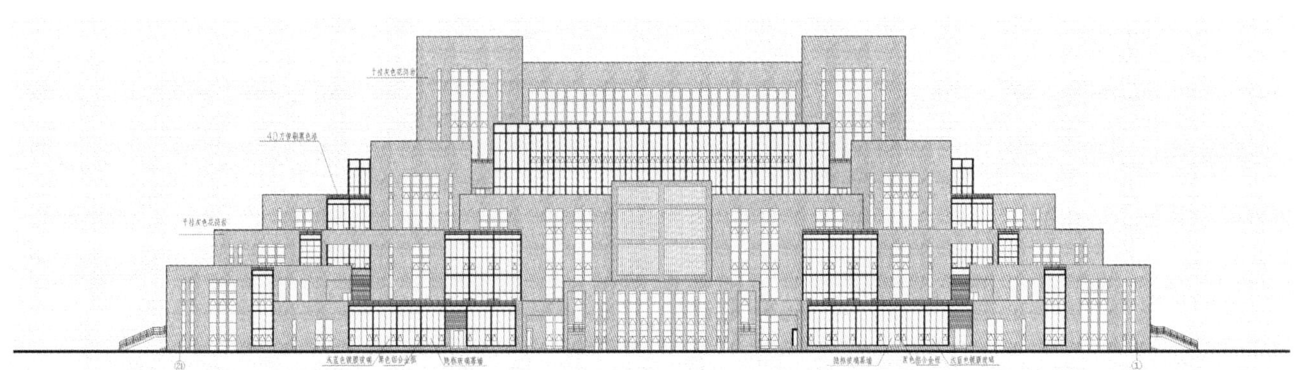

立面图

臨沂市美術館

临沂美术馆

设计类别：文化类建筑方案设计
建设地点：临沂市
用地面积：9967m²
建筑面积：22349m²
设计时间：2014 年

临沂美术馆

石头及其象征意义

项目用地位于临沂市兰山区南坊新区，位于临沂市政府、文化公园、临沂市文化中心、临沂大剧院、临沂市科技馆所组成的城市主轴线上，地理位置非常重要。

说起临沂的标志，蒙山、沂河首先映入我们的脑海，这片山、这片水养育着这里的祖祖辈辈、世世代代，孕育了临沂的文明，培养出大批有志之士。

山水相依，有山有水，自古以来被传统文化所看重。五洲湖内多水缺山石，结合蒙山置于临沂的印象，基地内美术馆的建筑造型便应运而生——蒙山之石。

创作灵感来自削切的、充满棱角的岩石，岩石的厚重、沉稳、坚硬是临沂人朴实性格的真实写照。方案力图表达出对沂蒙人不屈不挠性格的敬仰和尊重，也使得美术馆蕴含当地人文精神。

整体建筑风格现代、简洁、充满力量感。内部空间变换多样，交织穿插，或深邃，或空灵，给布展带来无数的可能性。自然光的引入使得室内空间更具梦幻感。

临沂市政府 ①
临沂文化公园
基地
临沂文化中心 ②
临沂大剧院 ③
临沂博物馆
临沂科技馆

①

②

工人文化宫
临沂美术馆
临沂市政府

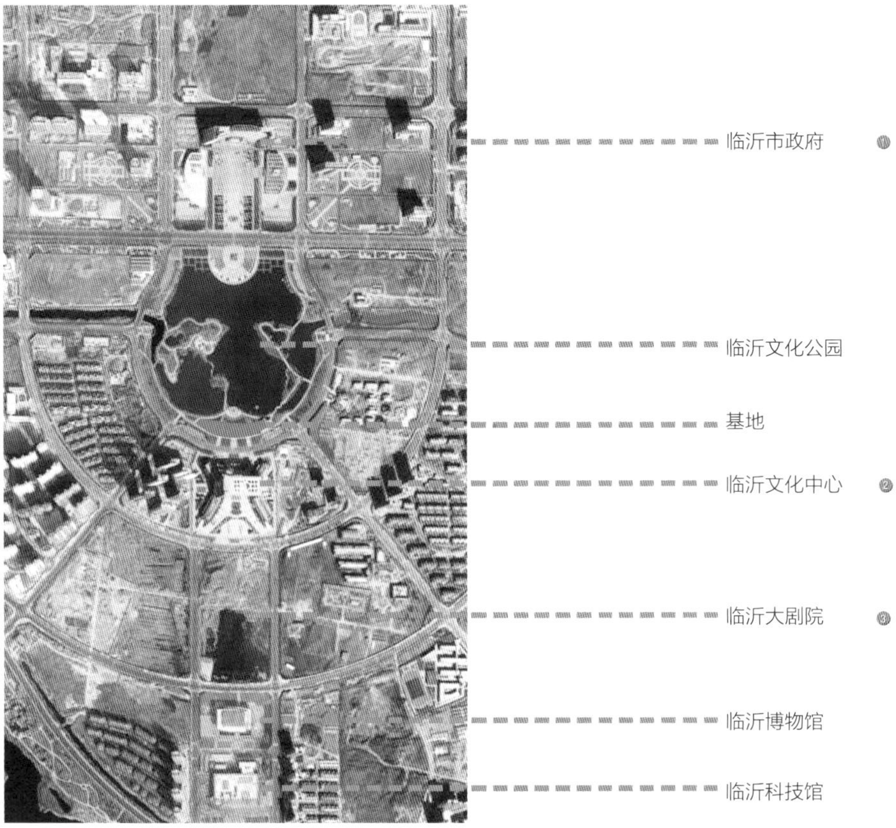

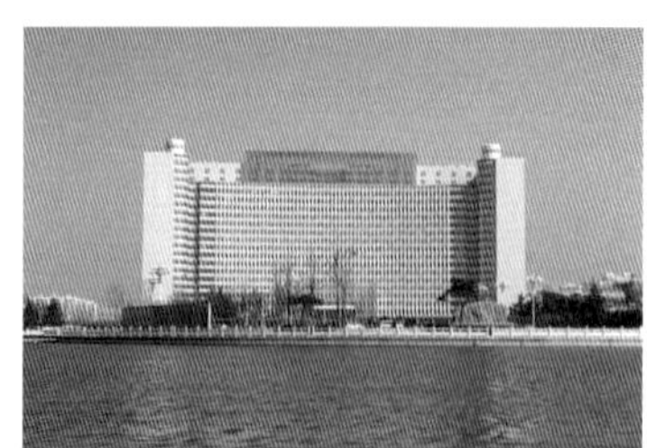

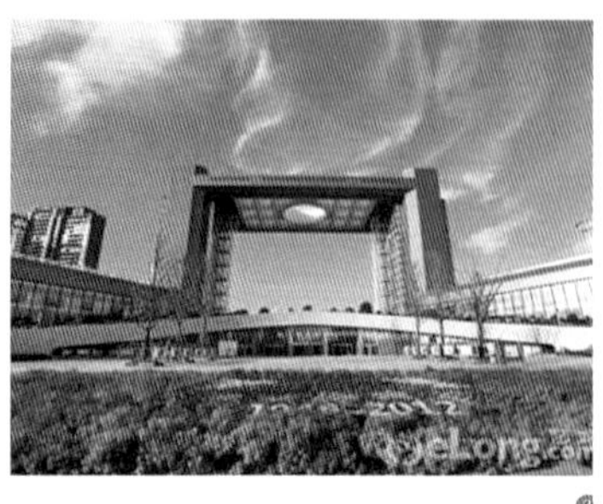

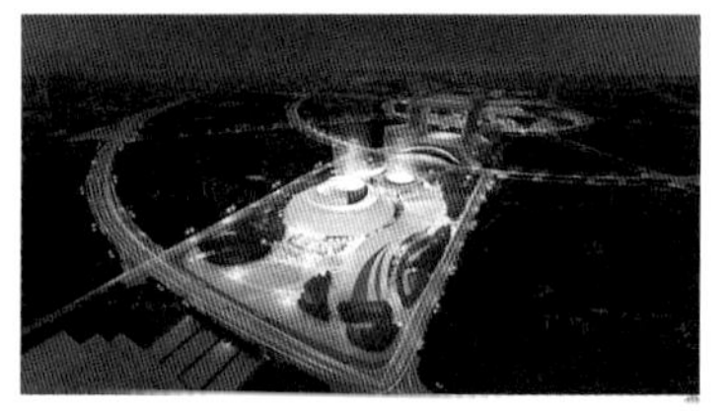

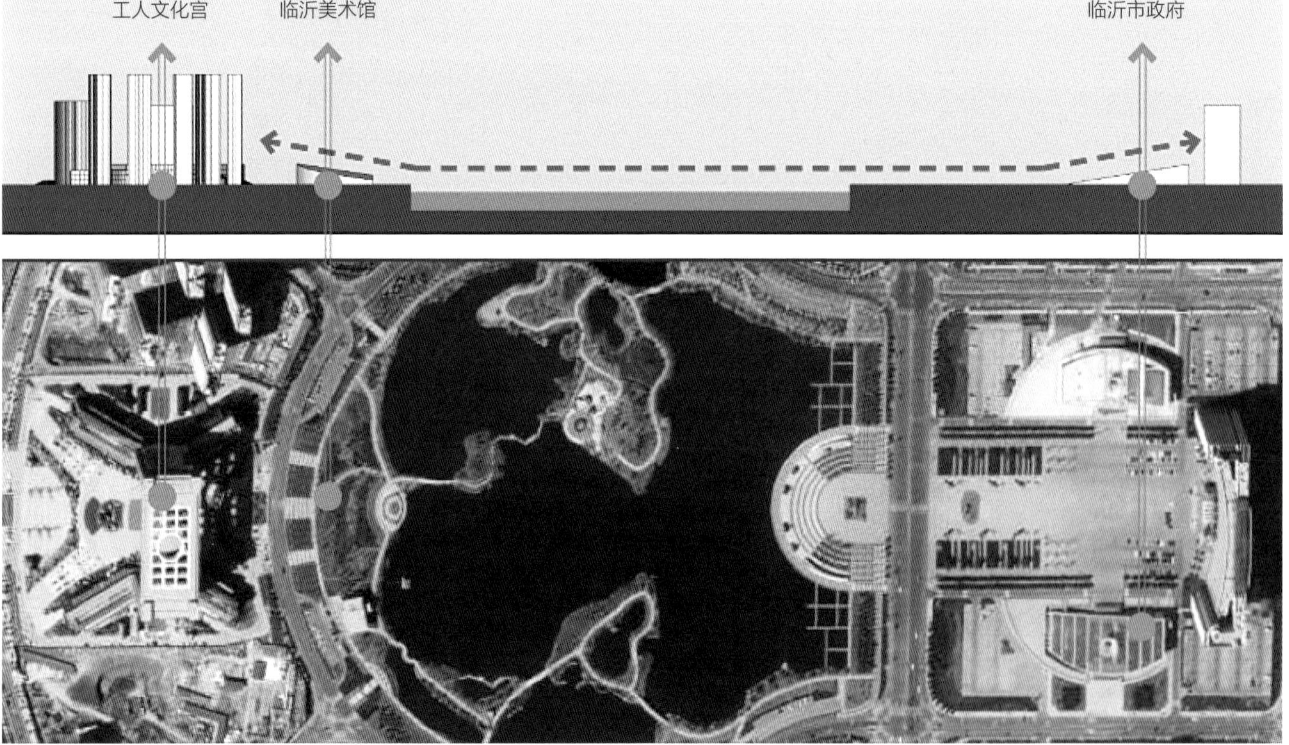

建筑立意——蒙山之石

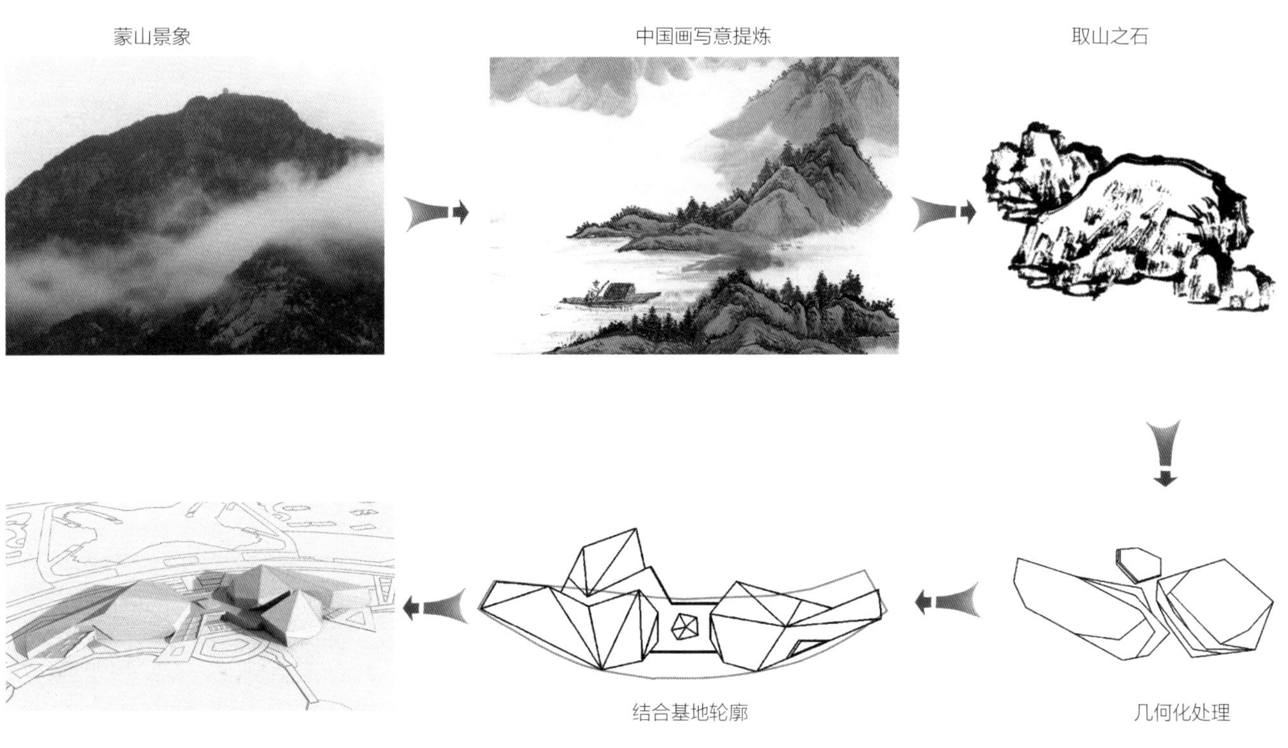

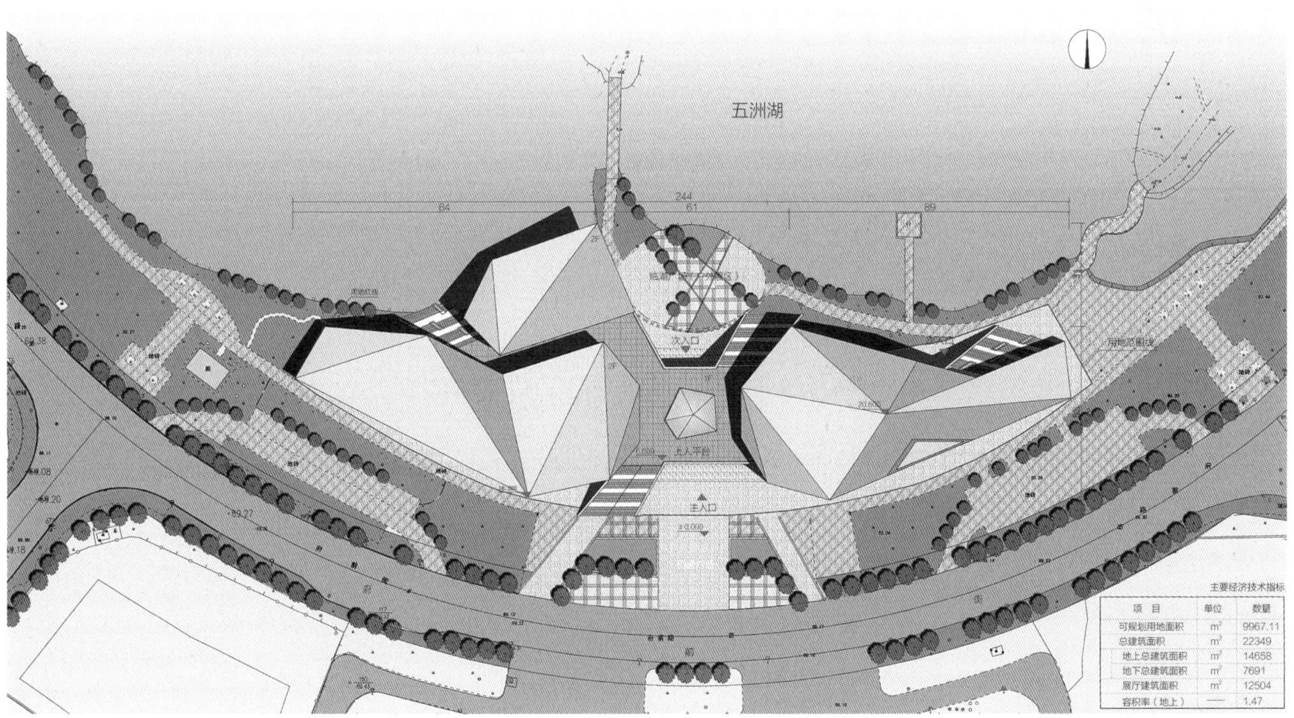

主要经济技术指标

项目	单位	数量
可规划用地面积	m^2	9967.11
总建筑面积	m^2	22349
地上总建筑面积	m^2	14658
地下总建筑面积	m^2	7691
展厅建筑面积	m^2	12504
容积率（地上）	——	1.47

臨沂市美術館

临沂市美术馆

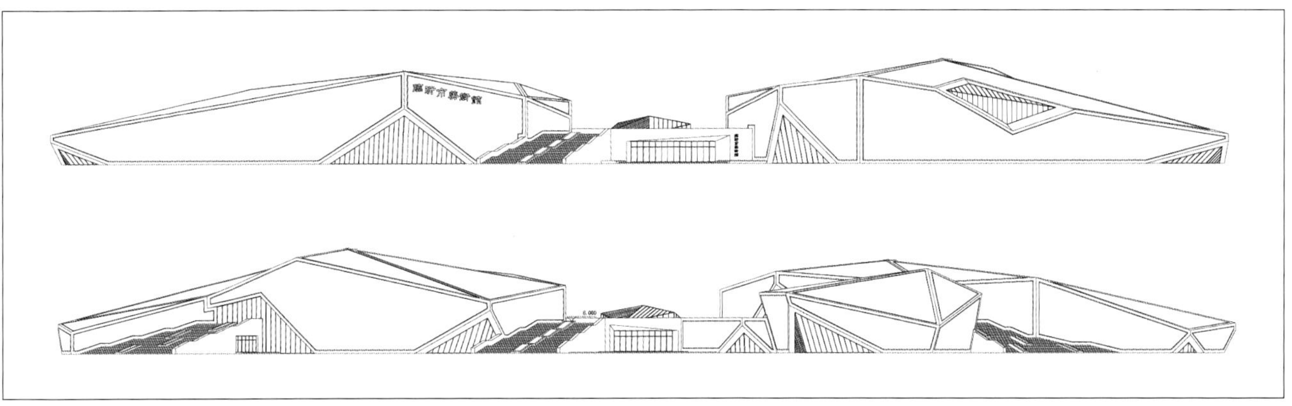

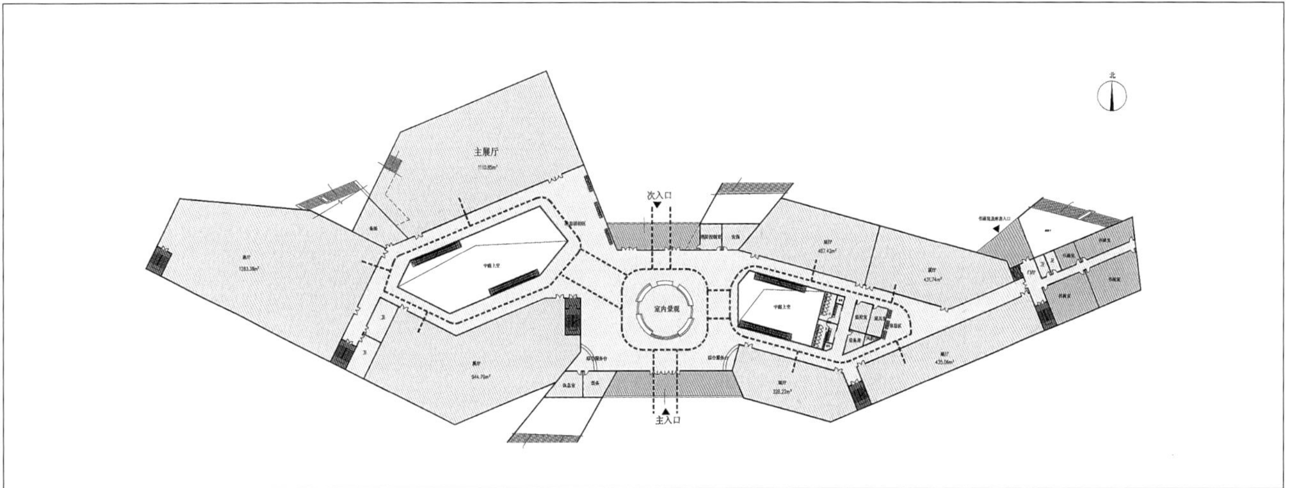
北
主展厅
次入口
室内景观
主入口

花褪残紅青杏小。
燕子飛時，綠水人家繞
枝上柳綿吹又少，
天涯何處無芳草！
墻裏秋千墻外道。
墻外行人，墻裏佳人笑
笑漸不聞聲漸悄，
多情却被無情惱

山东临沂银凤陶瓷民俗艺术博物馆

设计类别：文化博览类建筑方案设计
建设地点：山东临沂
用地面积：14500m^2
建筑面积：24915.3m^2
设计时间：2012 年

山东临沂银凤陶瓷民俗艺术博物馆

抽象与演化

本项目从层层叠叠的瓷盘，大小不一的瓷碗作为设计的出发点，用线条与体块把陶瓷的形象展示出来。上大下小的形体可以颠覆人们对传统建筑的认识，给人视觉上的冲击力。层层递推、重叠而上的片层，本意源于层层叠叠的瓷盘，经过处理后让人们可以联想临沂层层堆叠的山峦，或者是水波粼粼的沂河水面。建筑表皮利用中国传统的“回”字纹交错编织而成，体现临沂当地的民俗文化特点，另外由沂河抽象出来的“Y”字形形成中庭空间，贯穿于建筑之中，给此建筑烙上了临沂的特色。

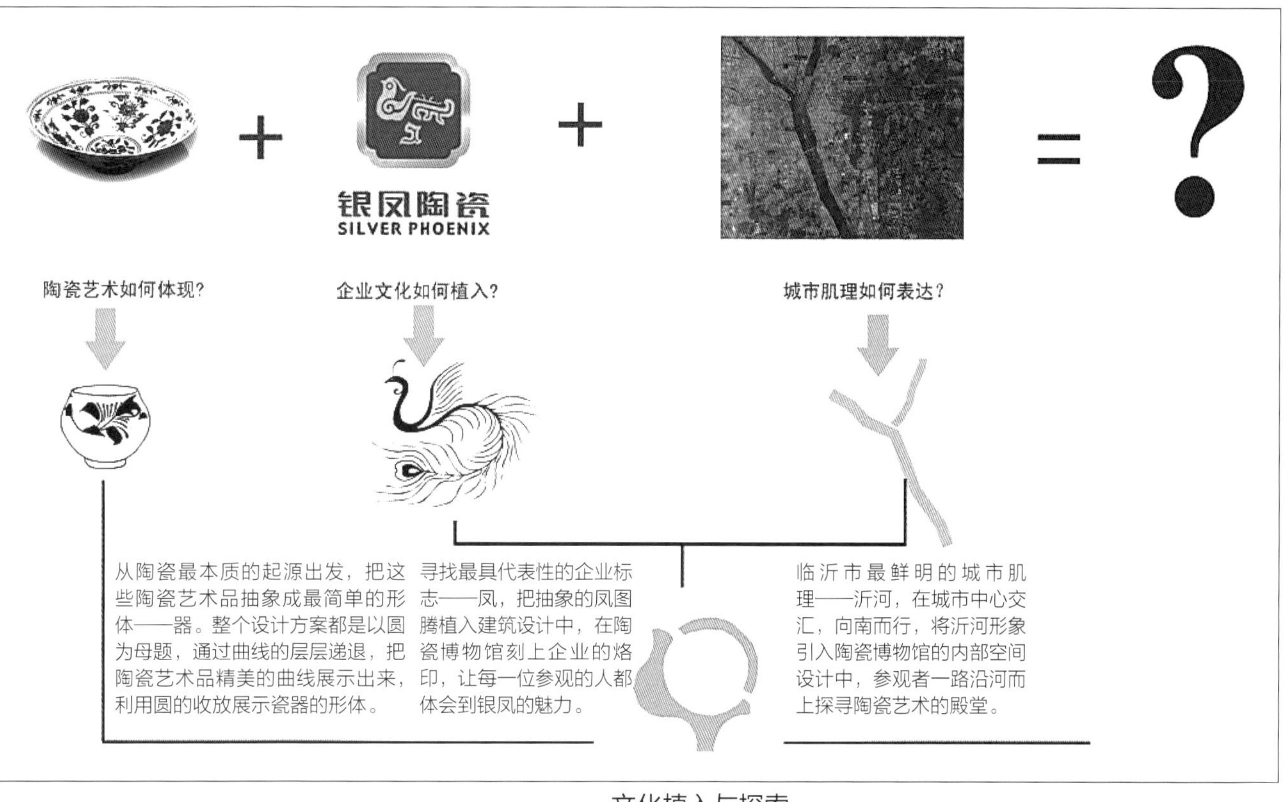
+
银凤陶瓷
SILVER PHOENIX
+
=
?
陶瓷艺术如何体现?
企业文化如何植入?
城市肌理如何表达?
从陶瓷最本质的起源出发，把这些陶瓷艺术品抽象成最简单的形体——器。整个设计方案都是以圆为母题，通过曲线的层层递退，把陶瓷艺术品精美的曲线展示出来，利用圆的收放展示瓷器的形体。
寻找最具代表性的企业标志——凤，把抽象的凤图腾植入建筑设计中，在陶瓷博物馆刻上企业的烙印，让每一位参观的人都体会到银凤的魅力。
临沂市最鲜明的城市肌理——沂河，在城市中心交汇，向南而行，将沂河形象引入陶瓷博物馆的内部空间设计中，参观者一路沿河而上探寻陶瓷艺术的殿堂。

文化植入与探索

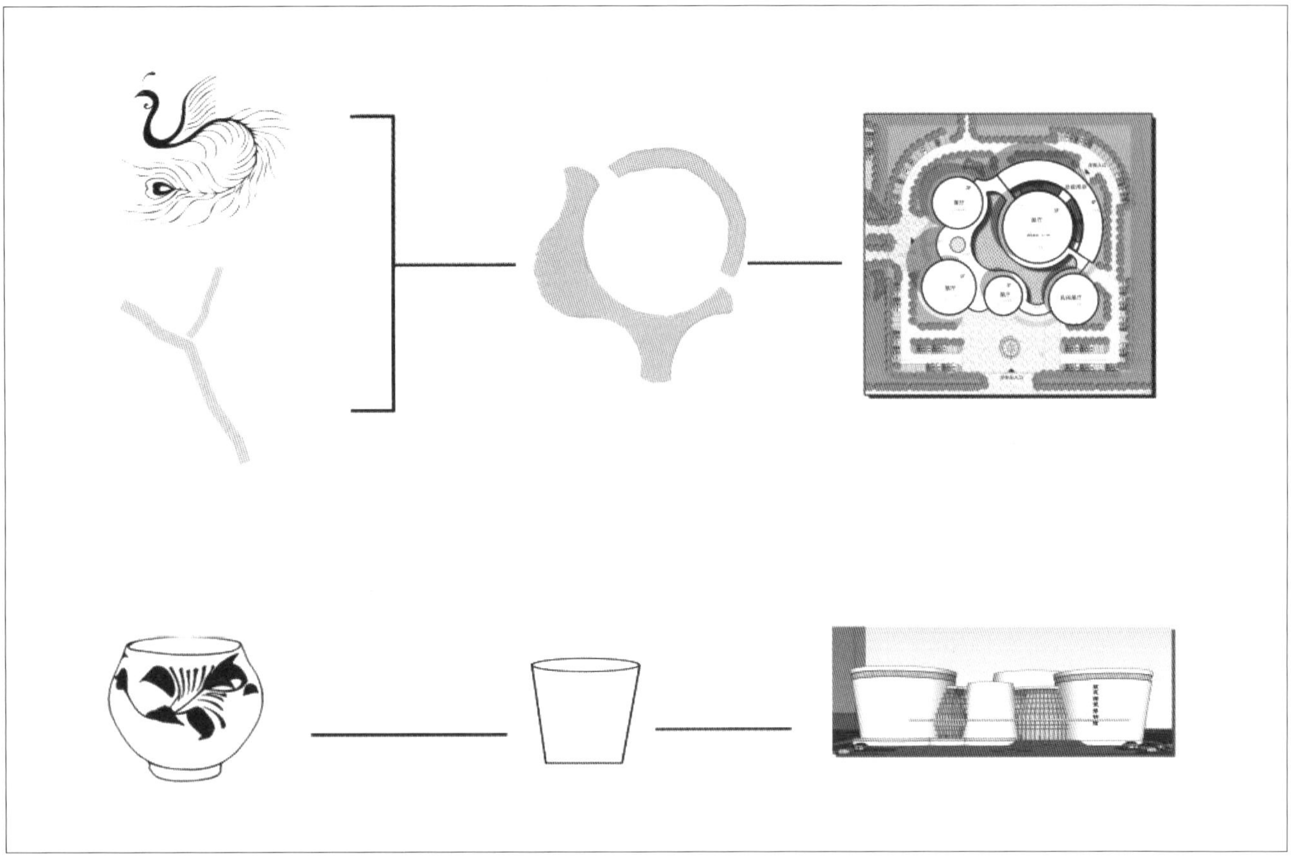

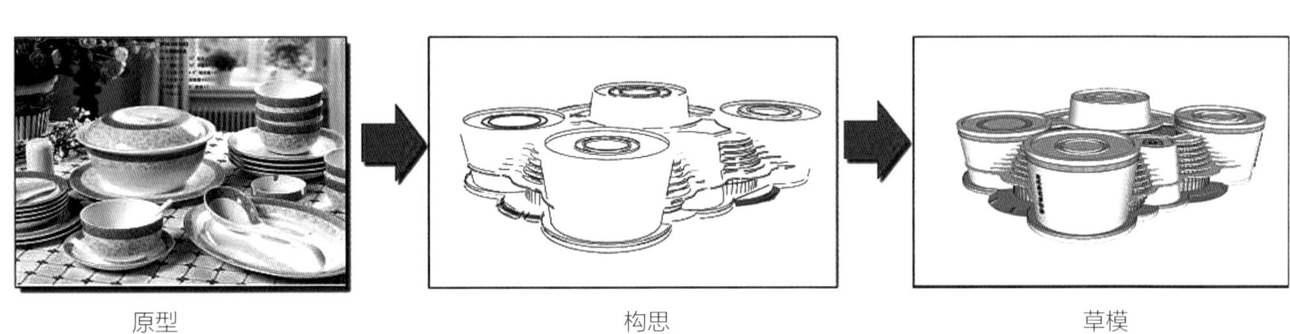

原型　　构思　　草模

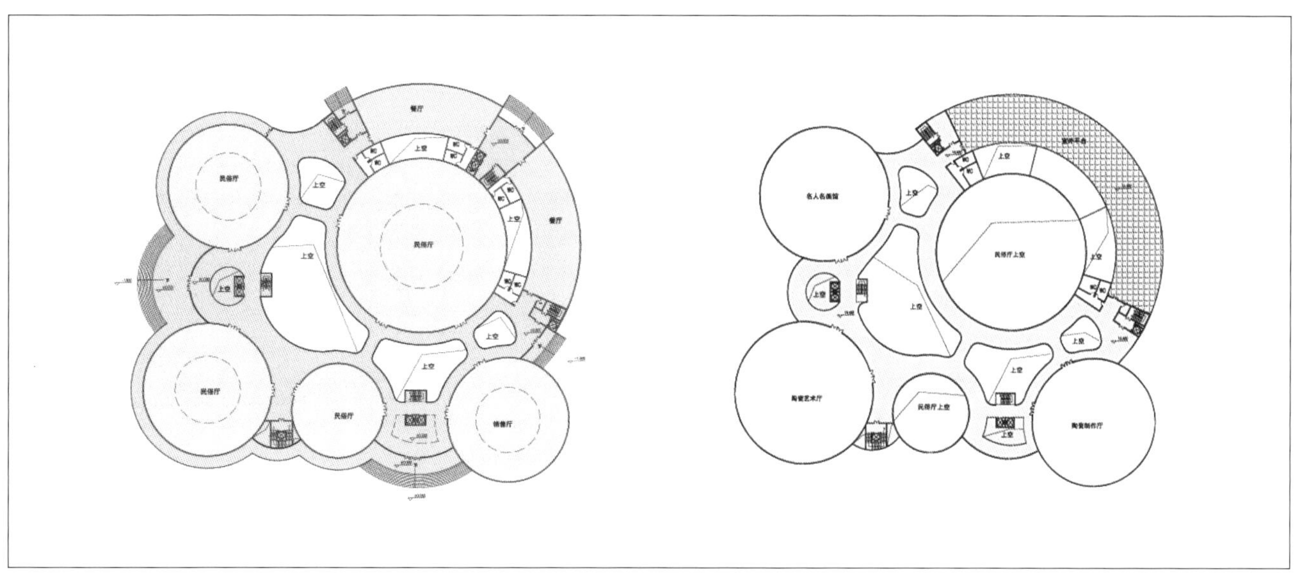
餐厅
上空
民俗厅
餐厅
上空
民俗厅
上空
上空
上空
民俗厅
民俗厅
上空
上空
上空
民俗厅上空
上空
上空
陶瓷艺术厅
民俗厅上空
上空
上空
陶瓷制作厅

威海革命烈士纪念馆

设计类别：文化类建筑方案设计

建设地点：山东威海

用地面积：1.78 公顷

建筑面积：2750.09m^2

设计时间：2015 年

威海革命烈士纪念馆

流线与回望

本项目以尊重为设计起点，将远端高处的烈士陵园作为游览序列的终点，使参观者在松林与土地交织的环境中产生回望，以此让参观者产生平静追思的感受。基于这种情绪的塑造，纪念馆避开中轴线的位置，以自身位置的偏移而使远端陵园中的松林显露出来。在其对称的区域内设计静谧的水院及浮雕墙，营造非对称的均衡感和神圣的纪念氛围。 建筑内展览流线以串联布局，通过光与影、明与暗的控制，利用柱廊、天窗等手法，营造观展的情绪感知，形成从压抑到光明而最终趋于平静的朴实情感。

在游览结束后，游客站在纪念碑前的平台上向下回望，开阔的景色和葱郁的绿树尽收眼底，迎着阳光，感受充满希望的现在，畅想美好的未来。

参观完纪念碑后，拾级而上，陵园立刻出现在游客面前，使参观者在缅怀的情绪中寄托哀思。

从纪念馆地下出口拾阶而上，重获广阔视野时首先面对的是草坡中的无名石刻台以及郁郁葱葱的草地。从纪念馆出口重新回到轴线后，来到高耸的纪念馆下，从而体验纪念流线的高潮部分。

将纪念浮雕从原设计区域向前移动，置于轴线东侧，与建筑相呼应，在轴线两端形成虚实不同的但又均衡的纪念性氛图。

游客站在纪念广场尽端实现开阔，向前可以看到向上的台阶、陵园的青松与高耸的纪念碑，向左看到纪念馆的体量与主入口，向右看到右侧缓坡绿地上的悼念花圃以及安静孤立的树木，用以隔离东北方向的回民公墓。

利用西侧缓坡上的松林绿植隔离人从纪念广场君向西侧高地上民居的视线。

主入口区域看到钟塔雕塑，成为进入园区的标志，同时利用树木隔绝游客西侧的视线，分离市民公墓区，使游客从入口向上时主要欣赏东侧开阔的场景，使心灵安静下来。

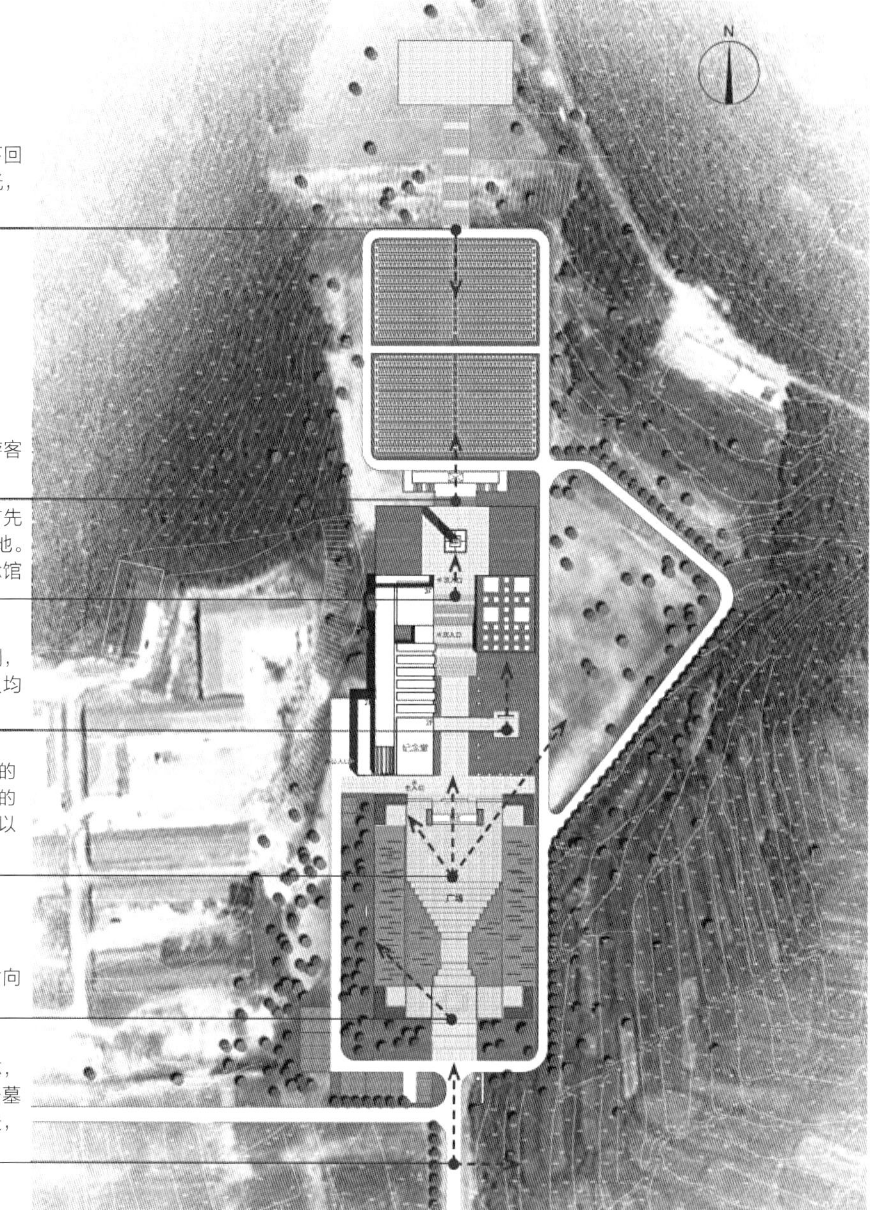

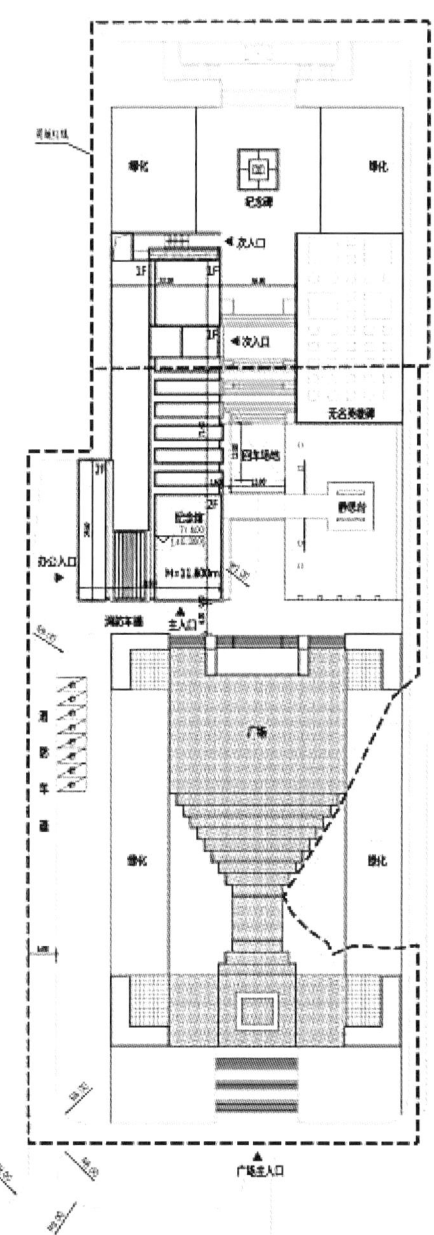
绿化
纪念碑
绿化
次入口
1F
1F
次入口
无名英雄碑
回车场地
2F
静思台
纪念馆
H=11.800m
办公入口
消防车道
主入口
广场
消
防
车
道
绿化
绿化
广场主入口

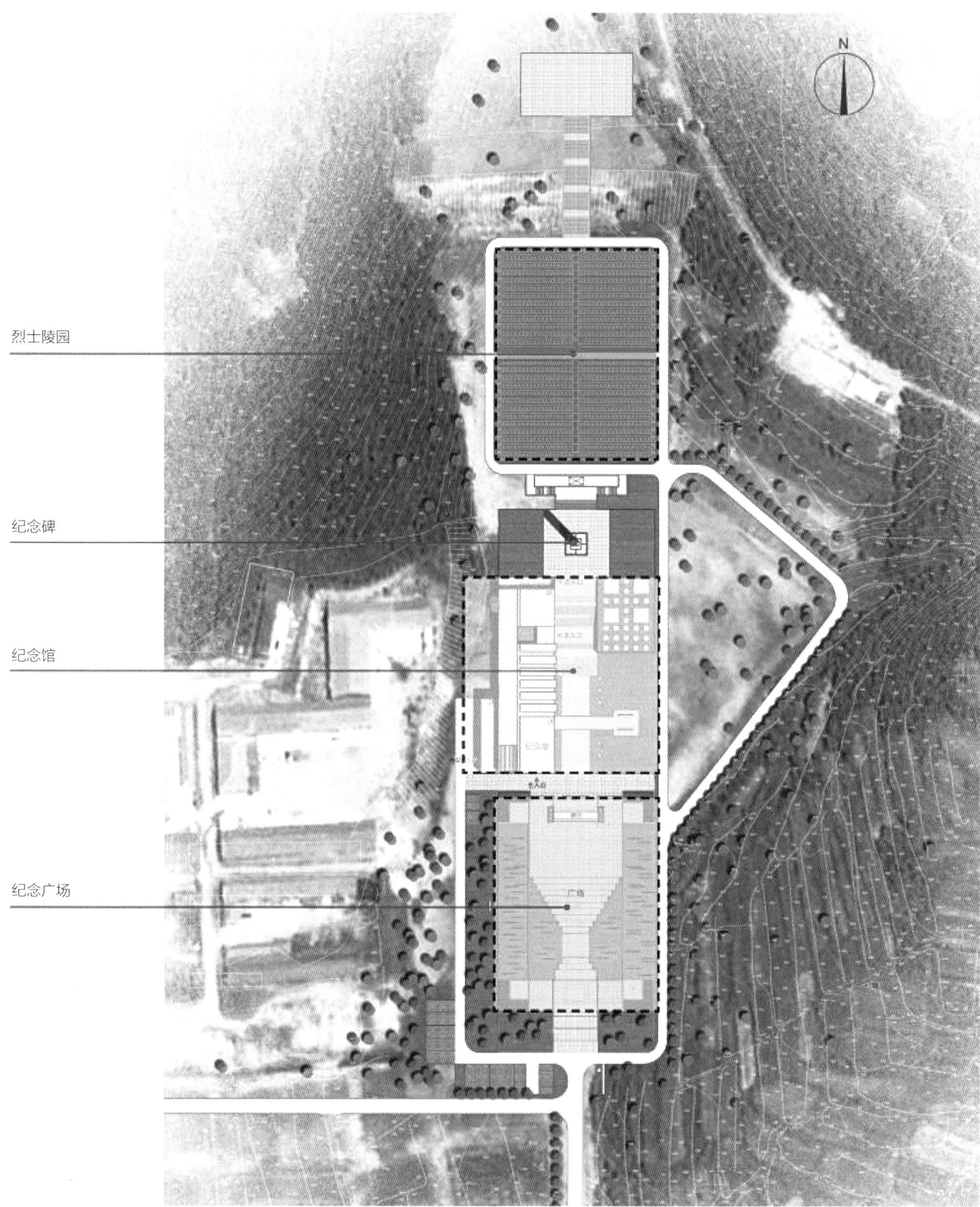
N
烈士陵园
纪念碑
纪念馆
纪念广场

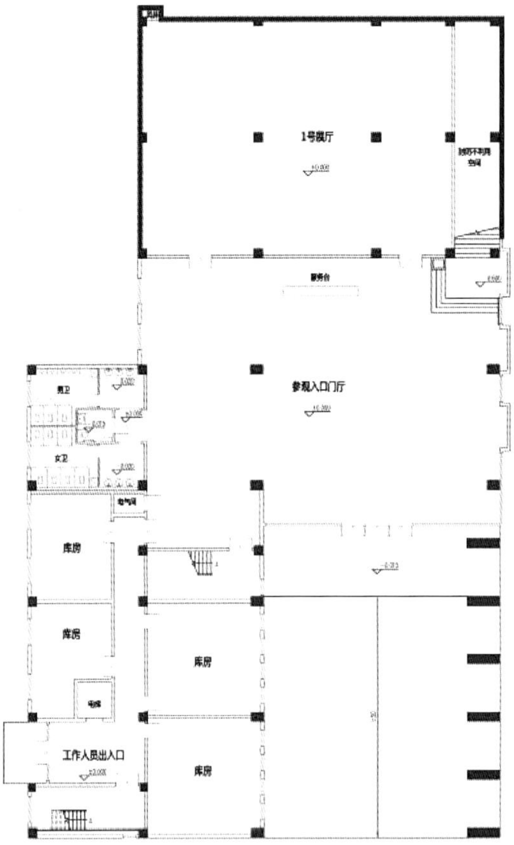
1号展厅
服务台
参观入口门厅
男卫
女卫
库房
库房
库房
库房
工作人员出入口

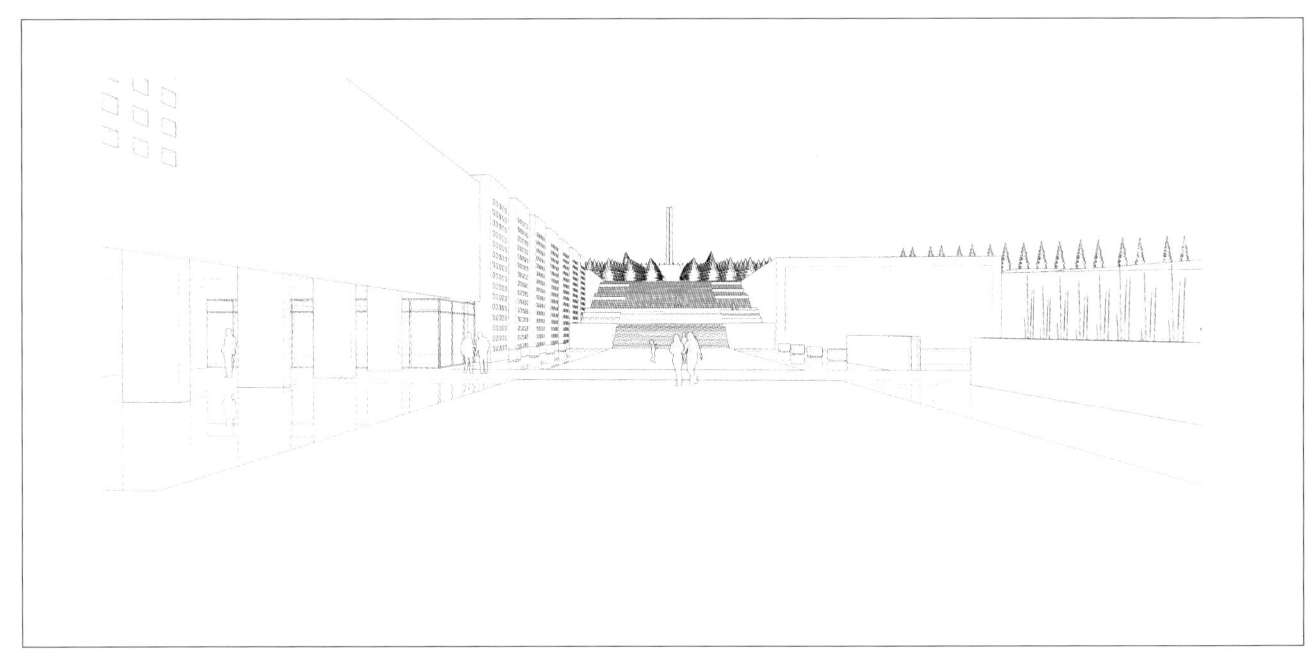

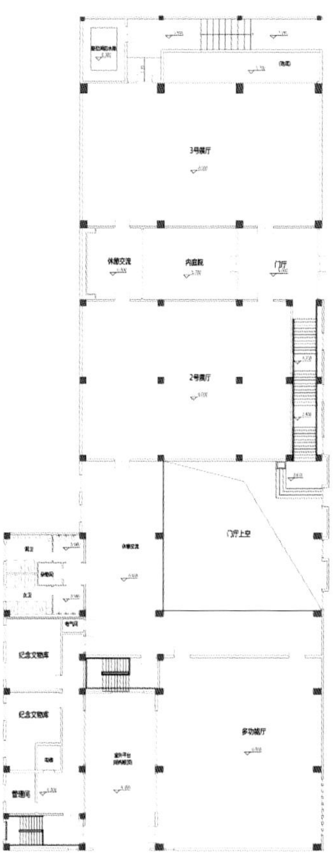
3号展厅
休憩交流
内庭院
门厅
2号展厅
门厅上空
纪念文物库
纪念文物库
多功能厅
管理用

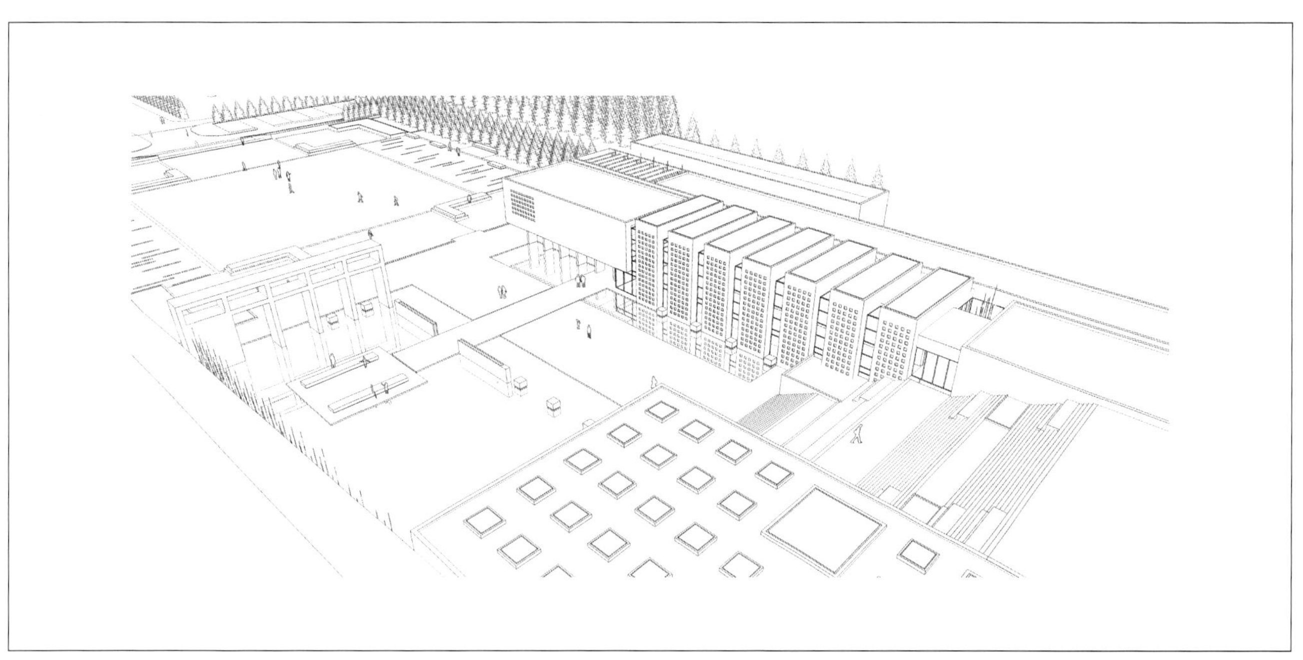

青岛游艇俱乐部

设计类别：公共类建筑方案设计
建设地点：山东青岛
用地面积：$20800m^2$
建筑面积：$20700m^2$
设计时间：2015 年

场地 覆土

本项目地势南低北高，高差 5~10m。方案采用覆土建筑设计手法，合理利用地势高差，自然衍生出建筑，将滨海公园风貌形象与经济发展之间的矛盾转化为设计的灵感：空间上，依势形成面海的半地下覆土建筑和下沉广场，空间丰富有序。造型上，设计突出滨海景观特色，轻盈而富有张力。屋顶与地面融合在一起。建筑主体层层退台的设计，扩大了建筑内部景观面，减少了建筑本身对滨海广场形成的压迫感和对北侧建筑的视线遮挡。

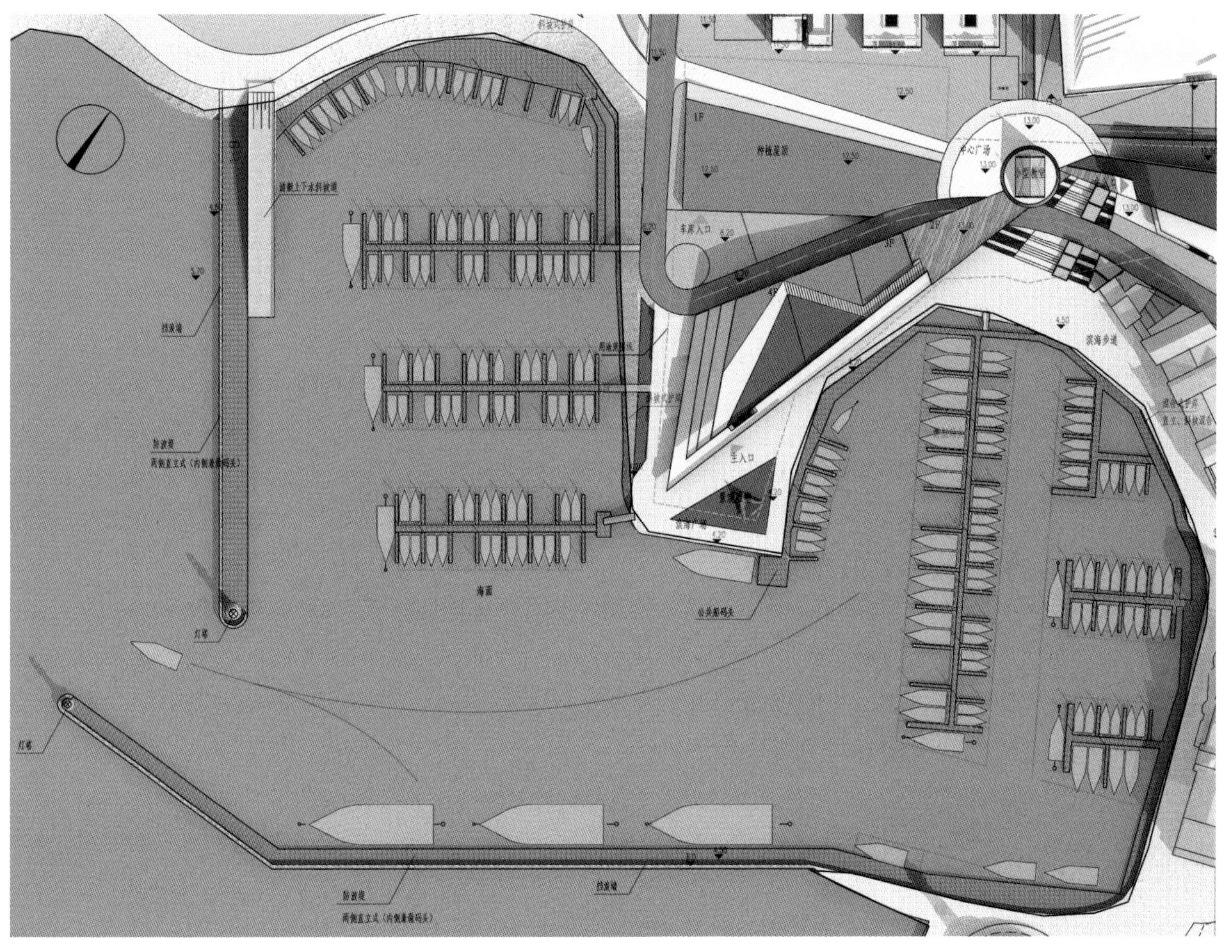

青岛理工大学黄岛校区规划

设计类别：校园规划设计
项目地点：山东省青岛市
用地面积：924278m^2
建筑面积：249796m^2
设计时间：2016 年

制造事件・交互式校园

本项目是青岛理工大学黄岛新校区的二期规划。新时代、新思想、新模式的改变必然激发出设计的改变，而设计的改变必然能激活校园空间的活力，这成为设计的主导思想。设计从创造故事、“制造事件”的思路出发，力图创造属于未来的校园新模式，促使学生真正成为校园的主体，让静止的建筑为活跃的思想和多变的行为搭建舞台，设计打破了沉闷的纪念性空间，努力创造一个生态、自由、开放、共享的交互式校园新环境。

圖書館

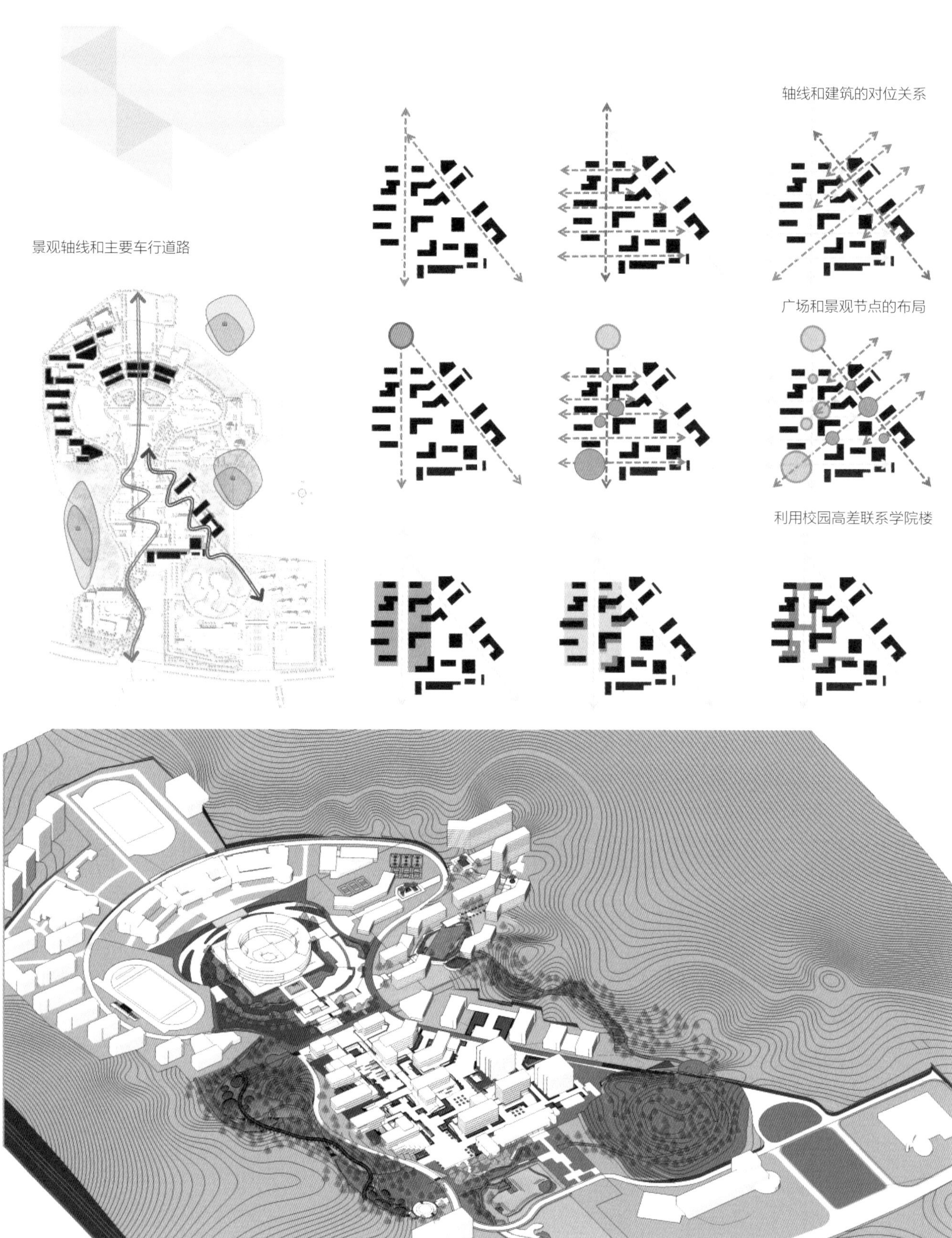
景观轴线和主要车行道路
轴线和建筑的对位关系
广场和景观节点的布局
利用校园高差联系学院楼

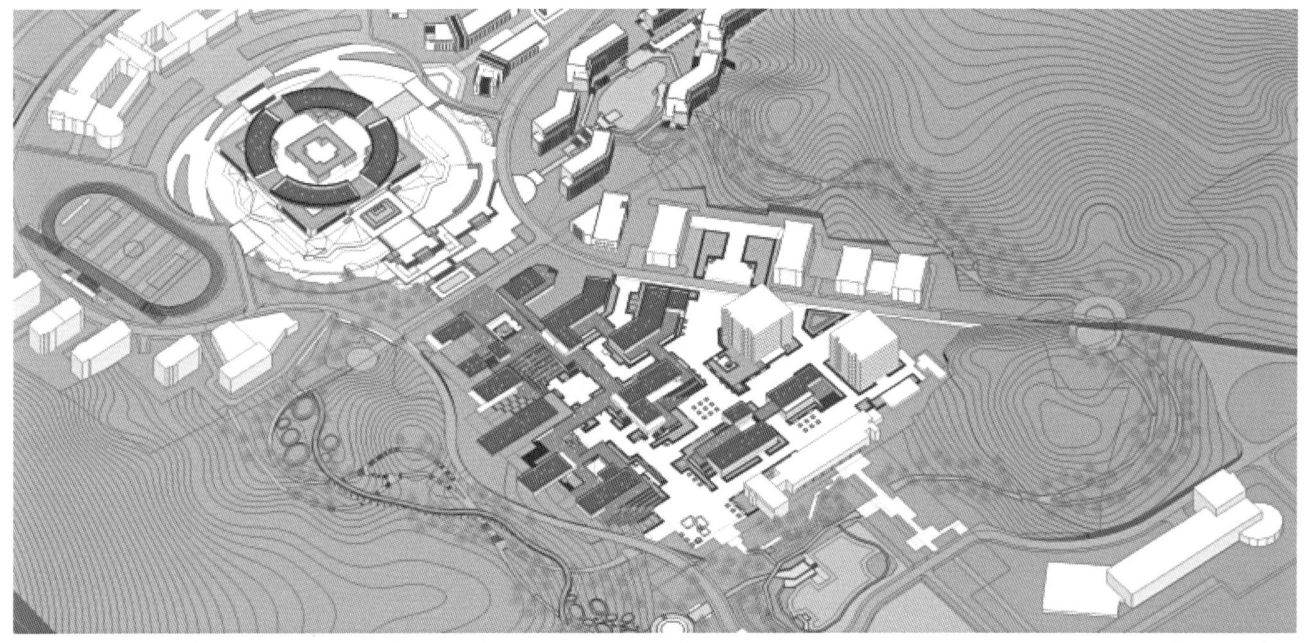

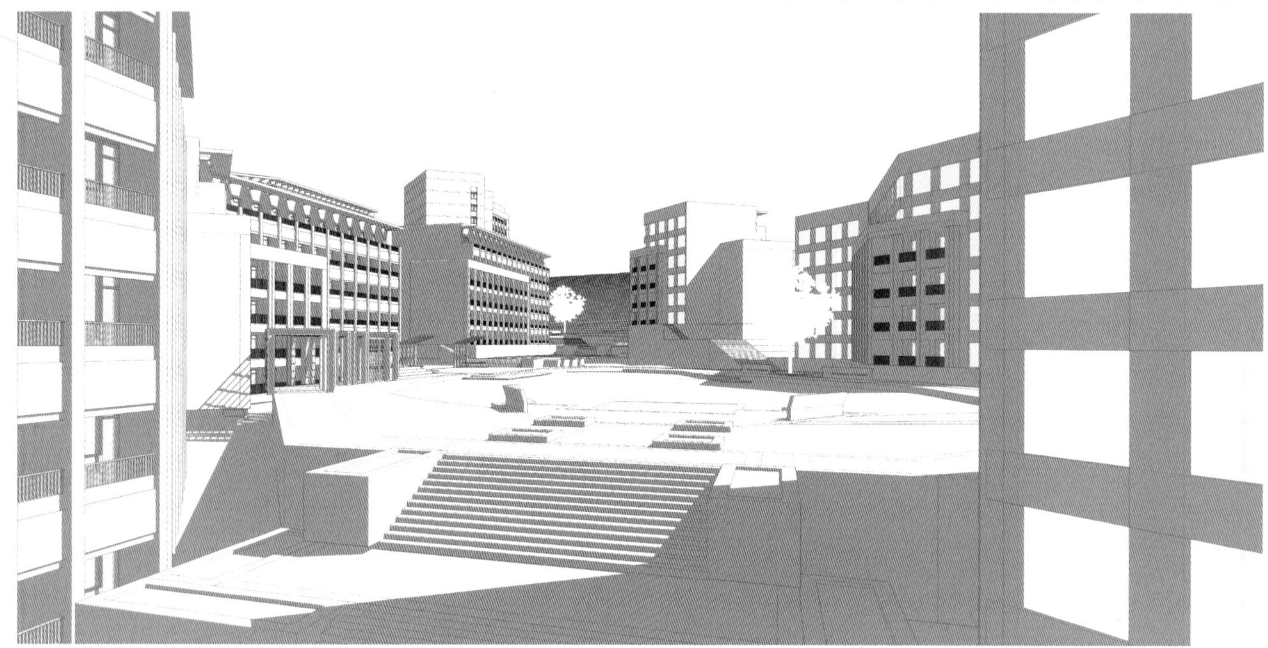

临沂党校

设计类别：教育类规划及建筑设计
项目地点：山东临沂
用地面积：252240m^2
建筑面积：127000m^2
设计时间：2017 年

穿插与渗透中体现时代性

本项目从临沂的地域特色入手，将“蒙山沂水、山水相依”作为规划主题，以高低错落的建筑群体形成连绵起伏的山势，源远流长的景观水面借助园林景观设计，与建筑互相渗透，相互映衬。

建筑造型上，不同于传统党校所沿用的中式建筑风格。建筑组群采用大体块穿插的现代造型手法，体现出临沂党校稳重大气的气质特色。红色的斜向体块作为造型亮点，穿插于整组建筑群中，为建筑造型增加了灵动活泼的亮点。

实践·颂

ARCHITECTURAL WORKS

龙奥金座

设计类别：商务办公类建筑设计
建设地点：山东济南
用地面积：17563m^2
建筑面积：100576.74m^2
设计时间：2010~2011 年

典雅与绿色

该项目位于济南奥体中心东侧，地理位置优越，交通便利，人文环境好。建设用地面积为 17563 平方米，总建筑面积为 100576.74 平方米，建筑高度为 92.10 米，地上 19 层，裙楼 3 层，地下 3 层。是自行设计开发的高端商务综合体，三星级绿色公共建筑。

项目地块北低南高，三栋成“品”字形的高层办公楼坐落在东西向展开的裙房基座之上，面向经十路，巧妙地利用了南北两侧地形的高差，使得每一栋在南北两侧均设置入口大堂。北侧入口位于地下一层，南侧入口位于一层，入口设有两层通高的门厅。裙房中间塔楼两侧位置设有敞开式内庭院，既可以解决内部采光问题，又可以丰富建筑内部空间。此外，在建筑的八层和九层、十一层和十二层、十五层和十六层，十八层和十九层分别设置了跨越两层的中庭，以满足客户休闲的需要。

三栋塔楼建筑风格统一，功能独立，整体造型体现简洁的设计风格，着重于内部空间塑造，外部造型注重雕塑感，同时多处使用中国传统特色的窗花及纹样，彰显出整个建筑的卓尔不群与精致典雅，整体建筑内外空间丰富、光影效果强烈，既有现代感又表现出文化内涵，彰显出高端商务办公楼的特独气质和品位。

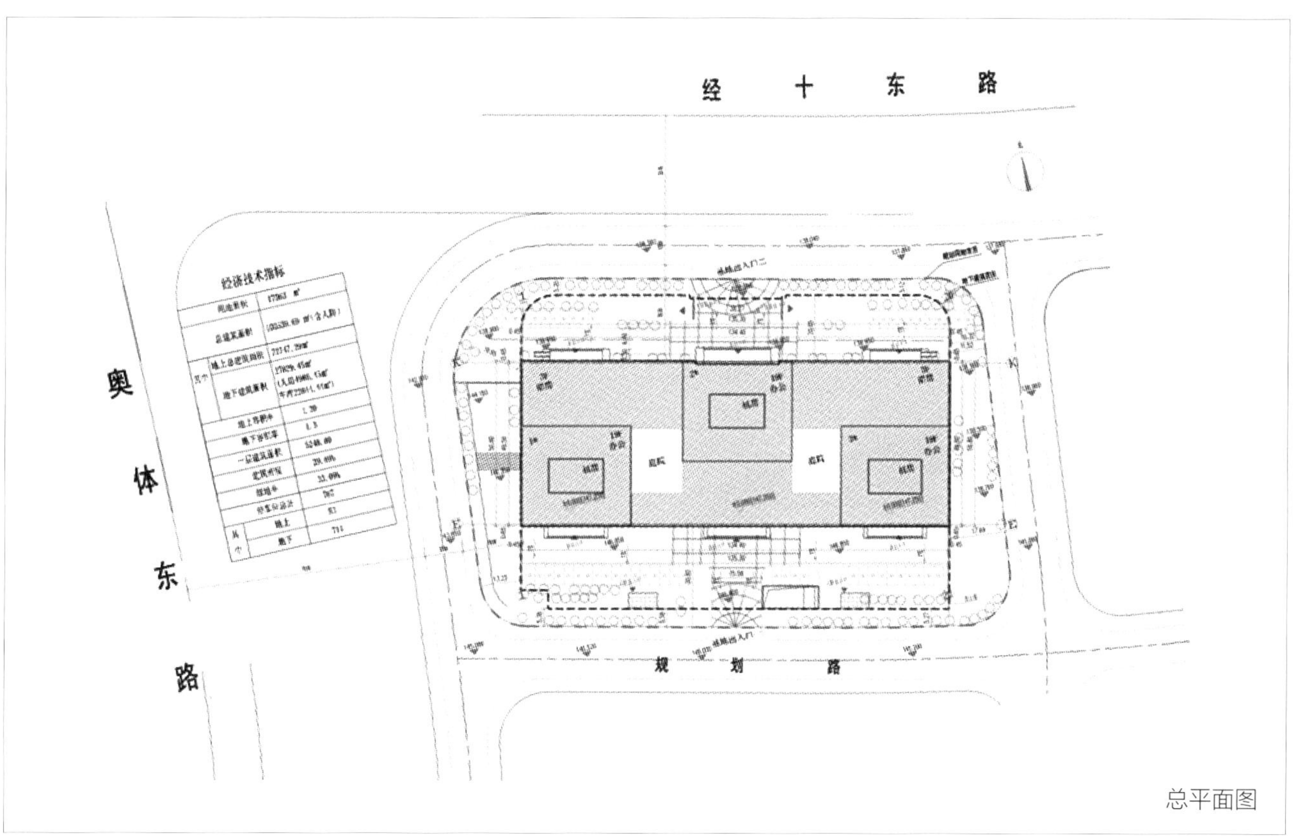

总平面图

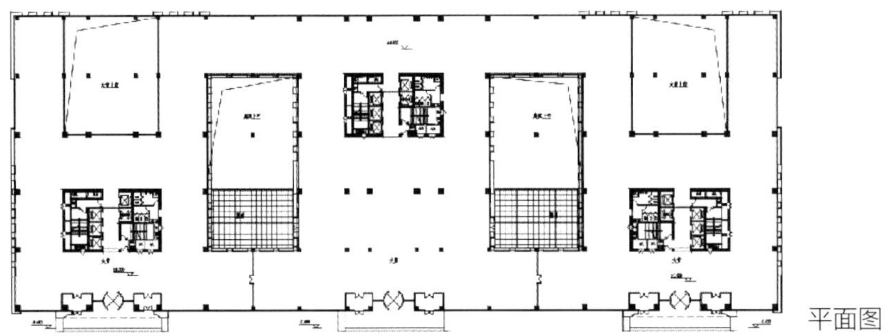
平面图

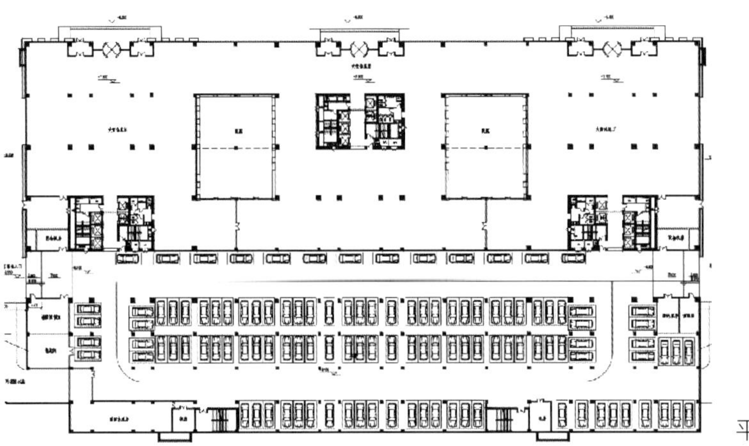
平面图

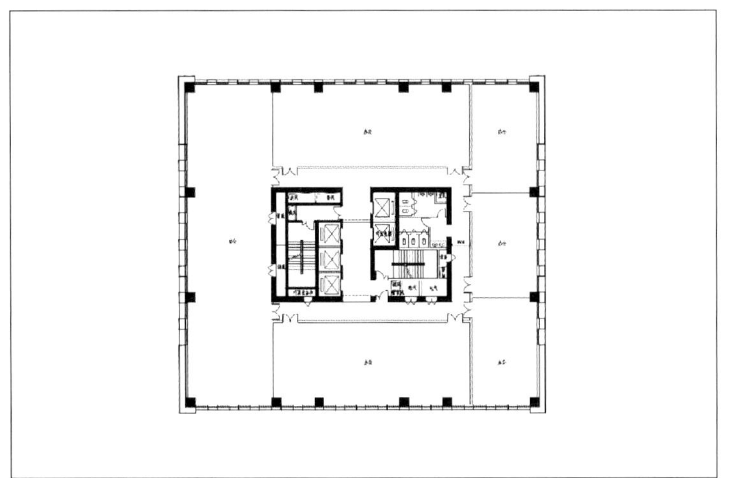
剖面图

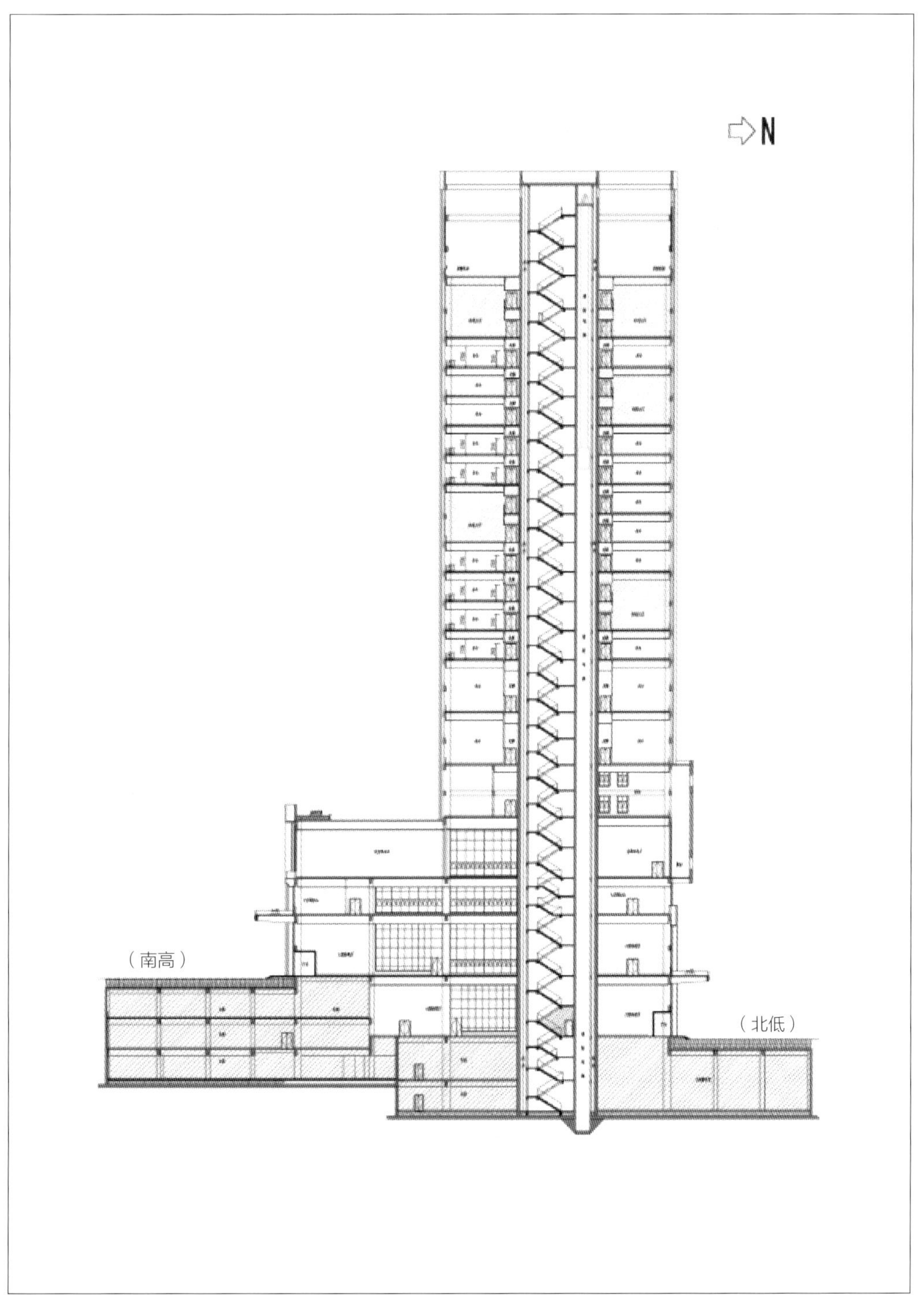
N
（南高）
（北低）

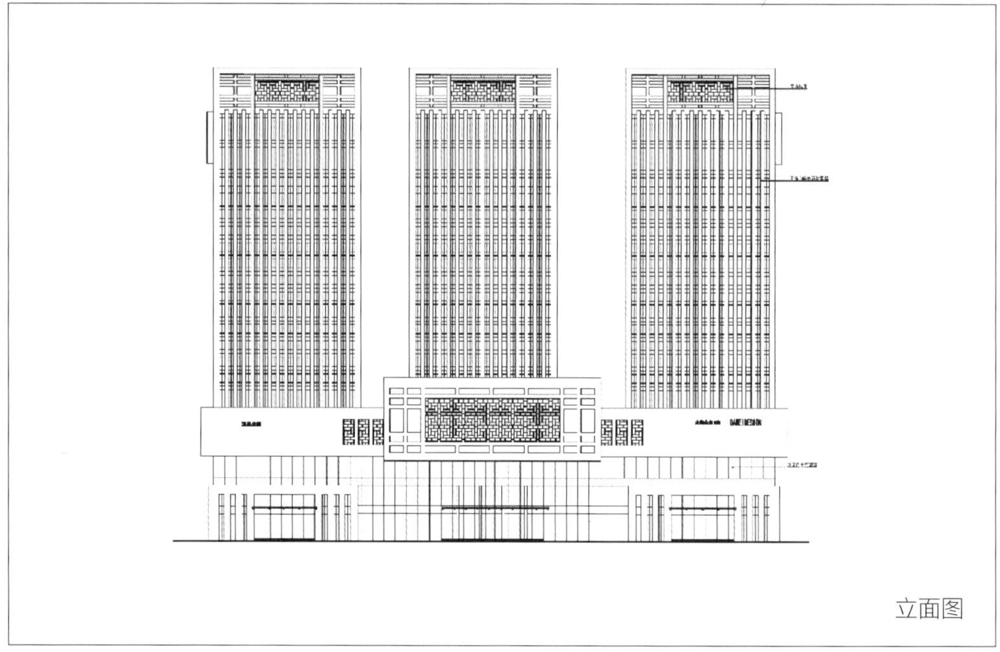

立面图

北京泰山大厦

设计类别：酒店类建筑方案设计
建设地点：北京
用地面积：55333m²
建筑面积：76000m²
设计时间：2006 年

传统与现代

本项目为山东省驻京办事处改扩建工程。方案尊重原有建筑的存在，保留原有优良的别墅客房环境等积极因素，因地制宜，创造出一个与山东省作为经济强省和文化大省相适应的地标形象，并体现齐鲁传统文化的丰富内涵和地域特质的酒店。

设计中合理布置各类功能空间，重新组织各种交通流线，提高公共空间的面积数量及使用效率。在裙房的中间部位，设计两层高绿化通道，将前后院联系起来，使两者在空间和景观上相互渗透、相互借用。

外观设计运用现代材料和设计手法体现传统建筑神韵，强调地方特色和文化内涵，突出建筑的标志性和象征意义。裙房呈“一”字形水平展开，外墙使用泰山独有的石材，厚重、粗犷而质朴。建筑主体则层层收进，运用玻璃、钢等现代材料、轻盈延续的钢结构挑檐等，勾勒出颇具传统古塔神韵的造型。建筑外形挺拔流畅，形似山体，坐落于水平展开的裙房基座之上，让人自然联想起泰山山脉的挺拔与庄重，具有独特的凝聚力和威严感。

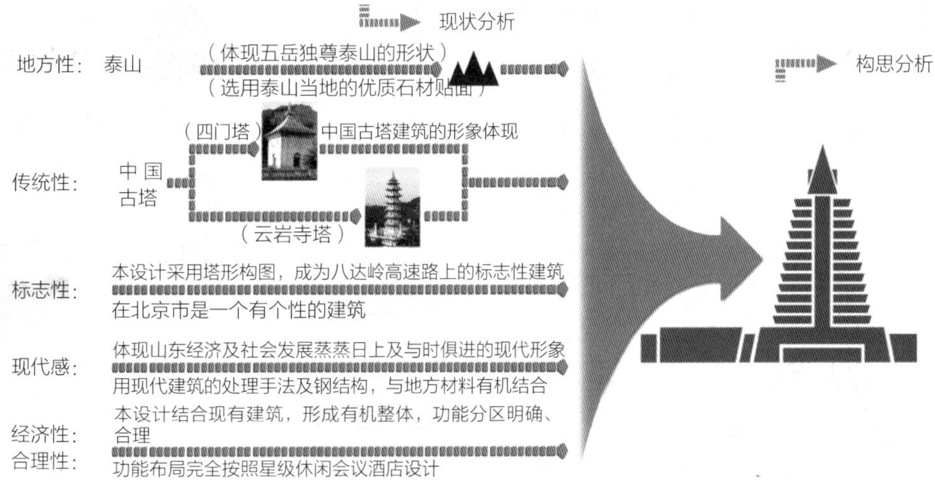

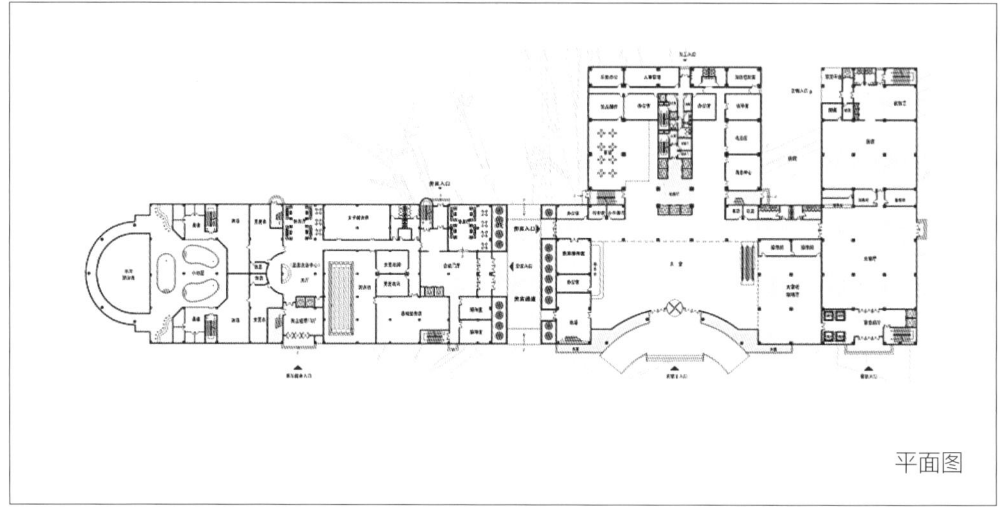

平面图

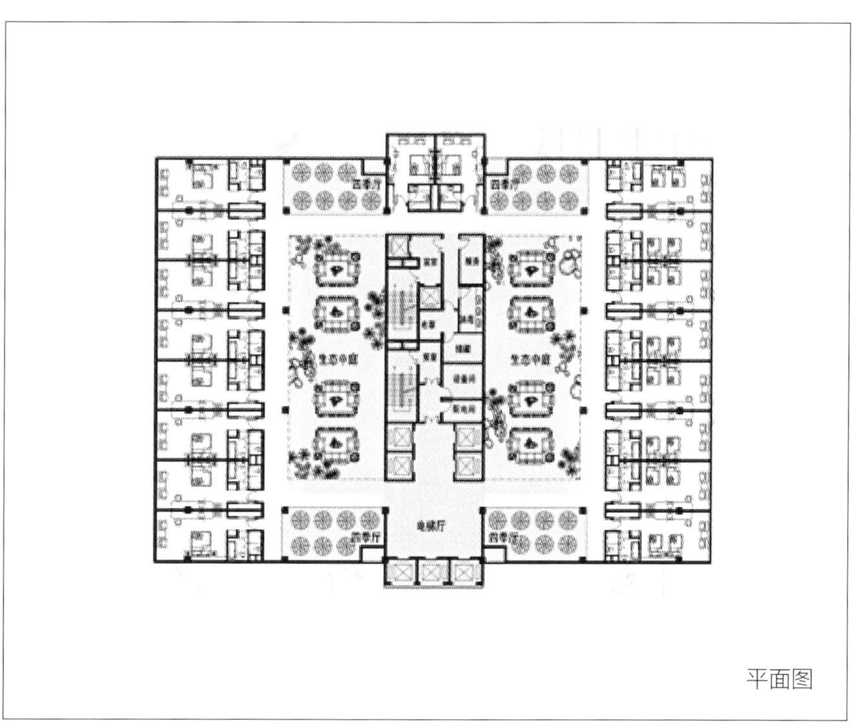

平面图

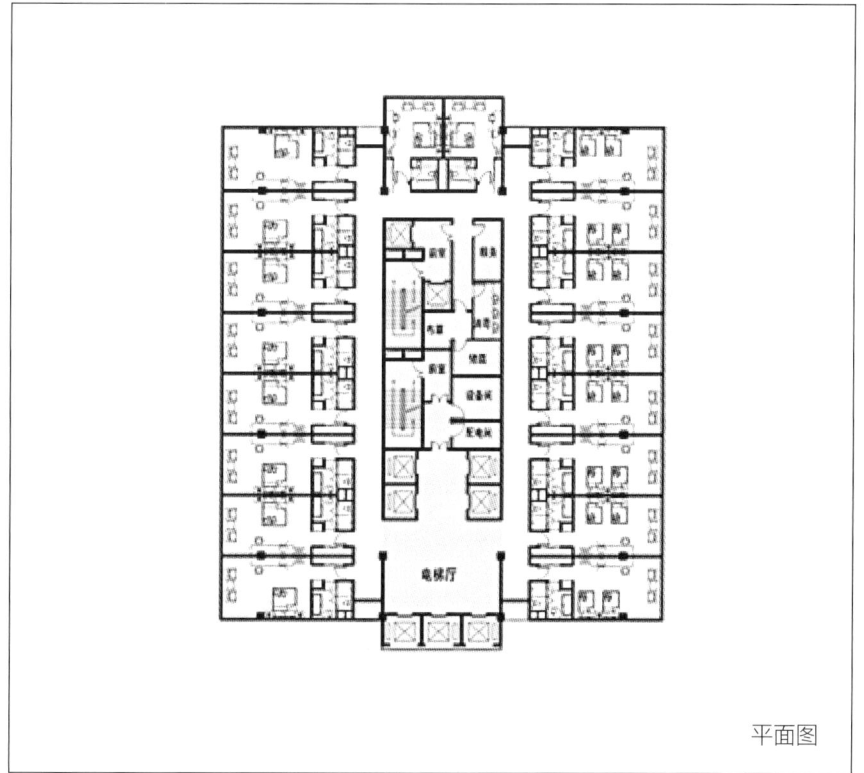

平面图

青岛财富中心

设计类别：商业综合体建筑设计
建设地点：山东 青岛
用地面积：5593m^2
建筑面积：10.87 万 m^2
设计时间：2007 年

体块与穿插

本项目是一座集高级写字楼、高级公寓式酒店、大型商业空间、文化艺术展览为一体的超高层综合性智能化大厦，建成后将成为青岛市区中心的标志性建筑物。建筑物高 241.85m，总计 65 层。25 层以上为公寓式酒店，带游泳池、空中花园，25 层以下为高级写字楼，裙楼为商业服务空间。

大楼结构实现了两次高位转换，以保证建筑空间效果的实现，并突破常规，成为国内结构复杂程度较高的超高层建筑物之一。本项目低层矩形的布局使内部办公室达至最大的空间效益，而带有强烈雕塑感的弓形玻璃体以此为基础向上“拔地而起”，弓形玻璃面的两端延伸到地面。整体看来，两个别具一格的几何形状相互紧扣，在视觉上构成平衡而有趣的体块及穿插。

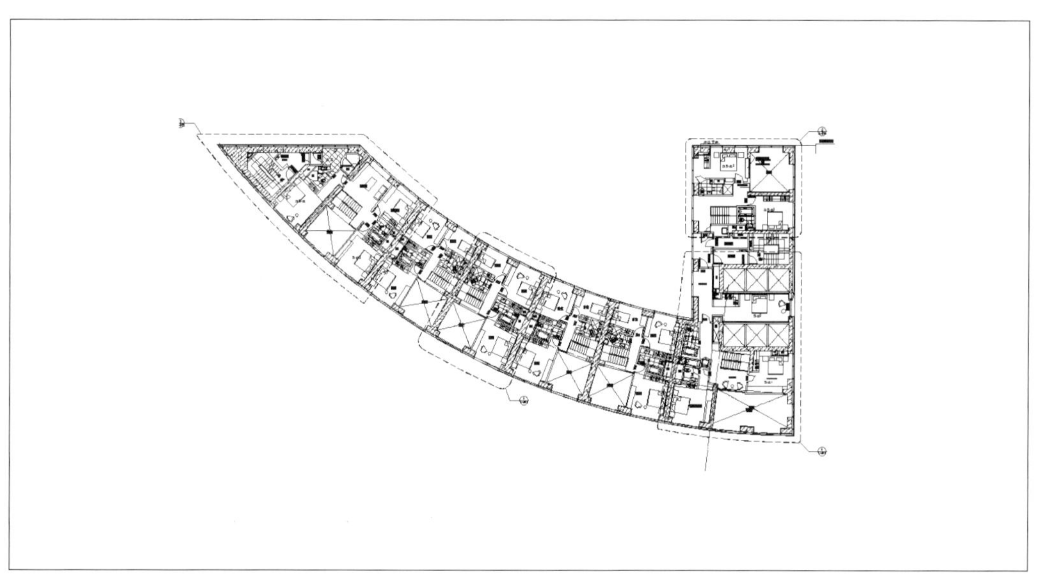

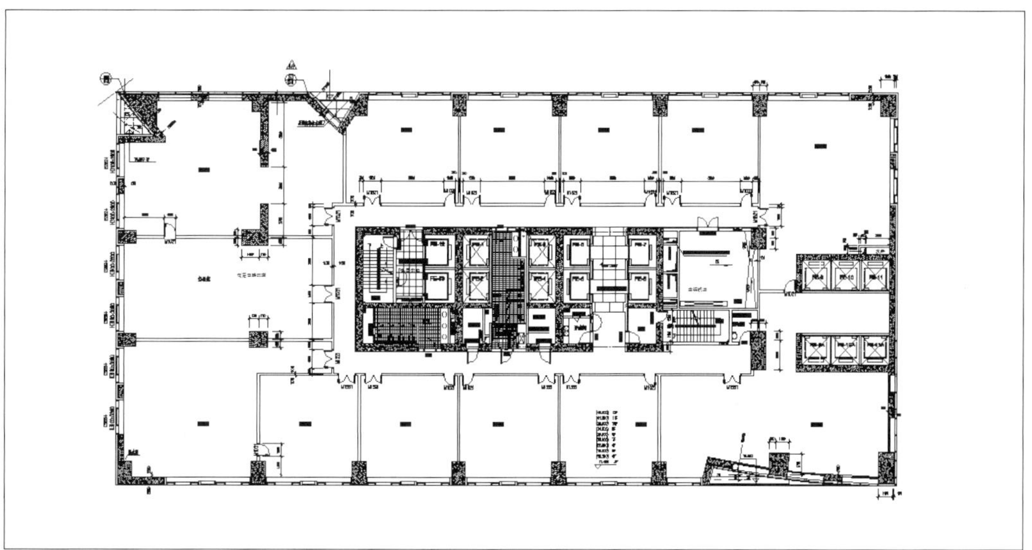

鲁能中心

设计类别：商务办公类建筑设计
建设地点：山东省济南市
用地面积：9800m^2
建筑面积：50000m^2
设计时间：2000 年

谦逊与独特

山东鲁能中心位于济南市繁华商业办公区域内，是由山东电力集团投资兴建的现代化、智能化办公楼。在基地东北侧有高 38 层的主楼（集团公司科技楼），在项目北面，尚有一栋济南市重点保护建筑——德式小洋楼。

本设计出于对城市和周边环境的尊重，不片面追求高度和标志性，放弃与原主楼一起形成体量相似的姐妹双塔楼的构思，而选择自南向北逐渐收进的弧形沿街界面、横向体量设计的形态，以辅楼谦逊的姿态，甘作配角，突出原有主楼。其弧形沿街界面使新建建筑尽可能少地遮挡主楼，突出主楼的挺拔峻美，同时增加纬二路的道路景观，又营建沿街小广场，使略显拥挤的沿街建筑状况得到缓解。这种构思的主要目的还在于把位于项目北面的德式小洋楼完美地呈现给这个城市。

本设计充分体现出对历史、环境和对这个城市的尊重，建立起全新的合理的城市空间秩序，从而做到与城市周围环境有机融合，创造个性化的建筑形象。

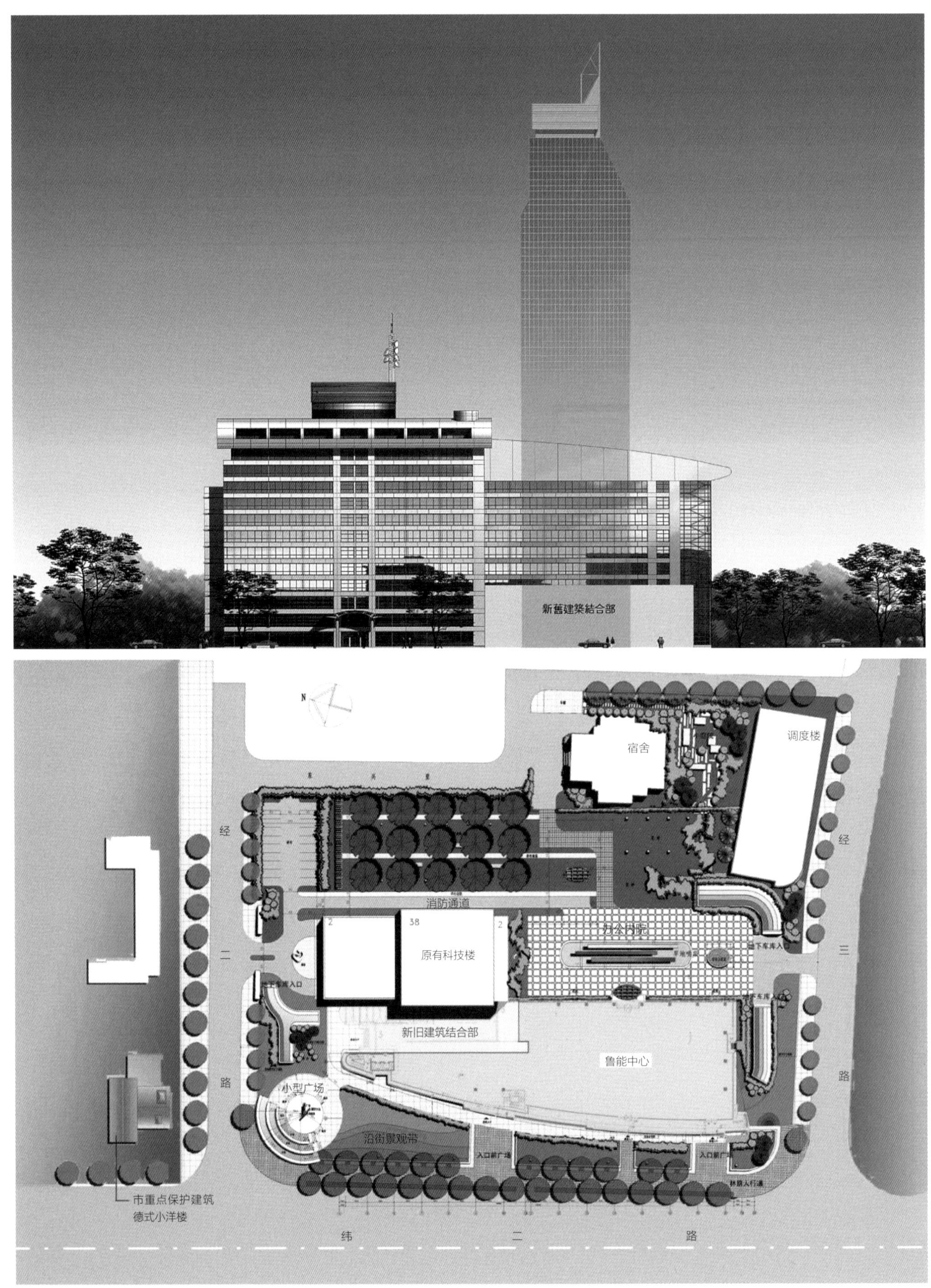
新舊建築結合部
宿舍
调度楼
经
消防通道
办公内院
原有科技楼
二
三
地下车库入口
新旧建筑结合部
鲁能中心
路
小型广场
沿街景观带
入口前广场
市重点保护建筑
德式小洋楼
纬
二
路

总平面图

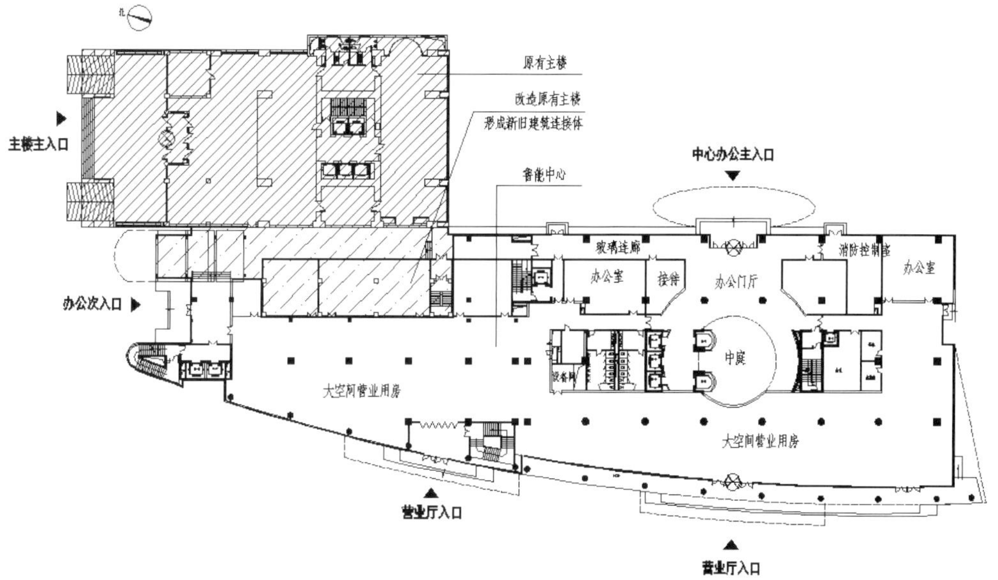
原有主楼
改造原有主楼
形成新旧建筑连接体
主楼主入口
中心办公主入口
玻璃连廊
办公室
接待
办公门厅
消防控制室
办公室
办公次入口
中庭
大空间营业用房
大空间营业用房
营业厅入口
营业厅入口

平面图

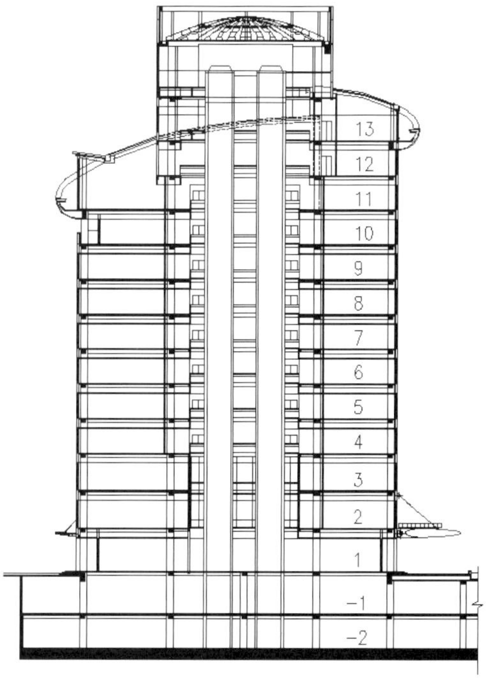
13
12
11
10
9
8
7
6
5
4
3
2
1
-1
-2

立面图

山东电力
山东电力

城市肌理与均衡

项目位于济南龙奥大厦西侧，作为毗邻龙奥大厦的一个重要地块，它的存在并不是为了成为人们关注的新地标，而是强化整个核心片区的整体城市肌理。

项目设计遵循奥体片区轴线对称的整体规划布局，以协调统一为出发点。尊重龙奥大厦两条轴线设计的均衡原则，突出了龙奥大厦的中心位置，充分考虑项目与周边现有建筑的关系，以达到建筑间的和谐统一，结合景观设计，形成完善的规划布局系统。

项目建成后，彰显出其优雅而谦逊的姿态，无论从整体还是细节，均体现出高端办公建筑卓然不凡的气质。

透视图

银丰财富中心

设计类别：城市综合体规划及建筑设计
项目地点：山东 济南
用地面积：5.698 公顷
建筑面积：334339m^2
设计时间：2015 年

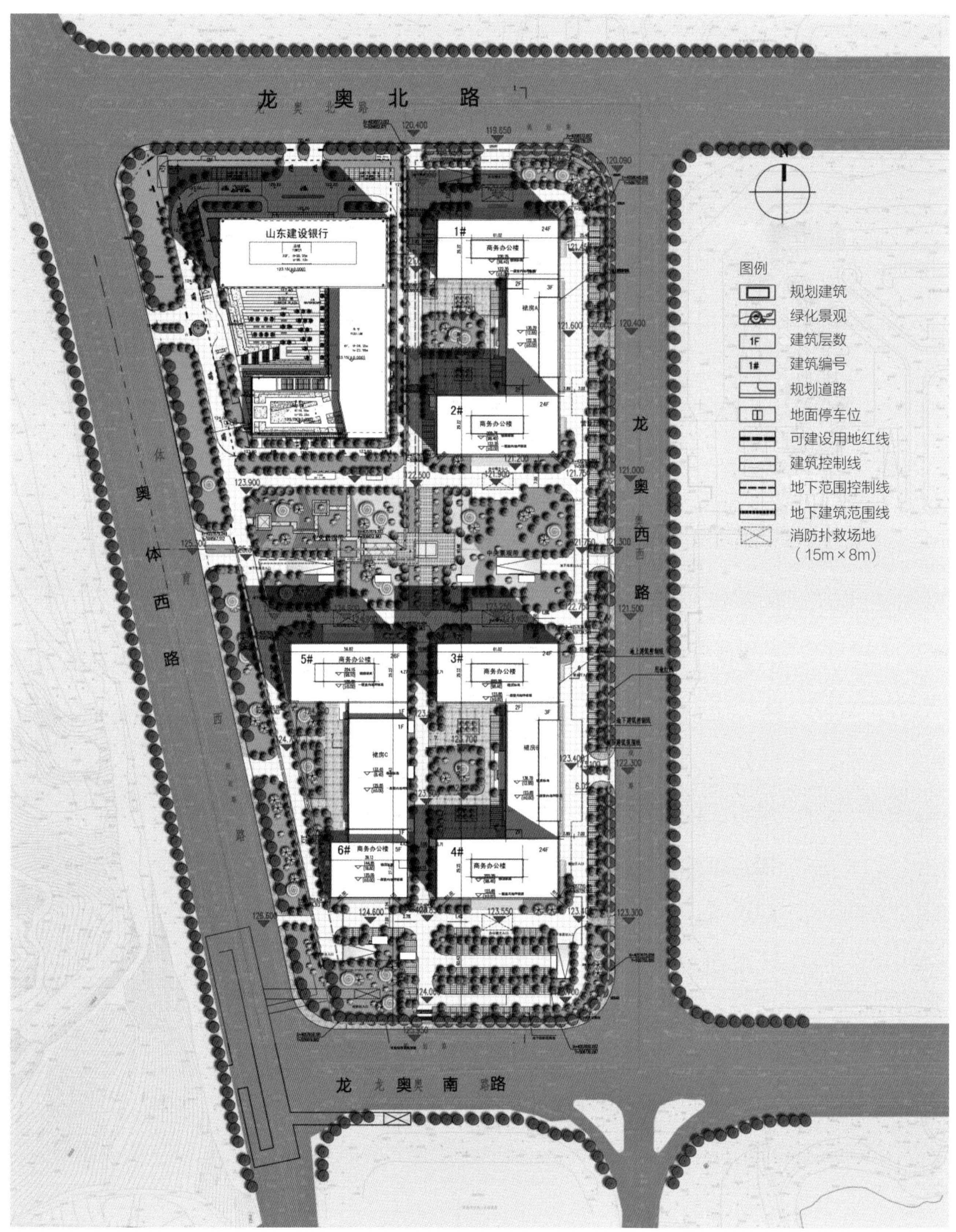
龙 奥 北 路
山东建设银行
1#
商务办公楼
24F
裙房A
2#
3#
4#
5#
6#
裙房B
裙房C
龙 奥 西 路
奥 体 西 路
龙 奥 南 路
图例
规划建筑
绿化景观
建筑层数
建筑编号
规划道路
地面停车位
可建设用地红线
建筑控制线
地下范围控制线
地下建筑范围线
消防扑救场地
（15m×8m）

轴线规划，统筹设计：

奥体片区整体规划布局以轴线对称布局为设计原则，以协调统一为出发点。

轴线一：以龙奥大厦为中心，沿城市主要道路以轴线呈东西对称式布局。

轴线二：以龙奥大厦为中心，沿 90 米宽城市公共绿化带以轴线呈南北均衡式规划

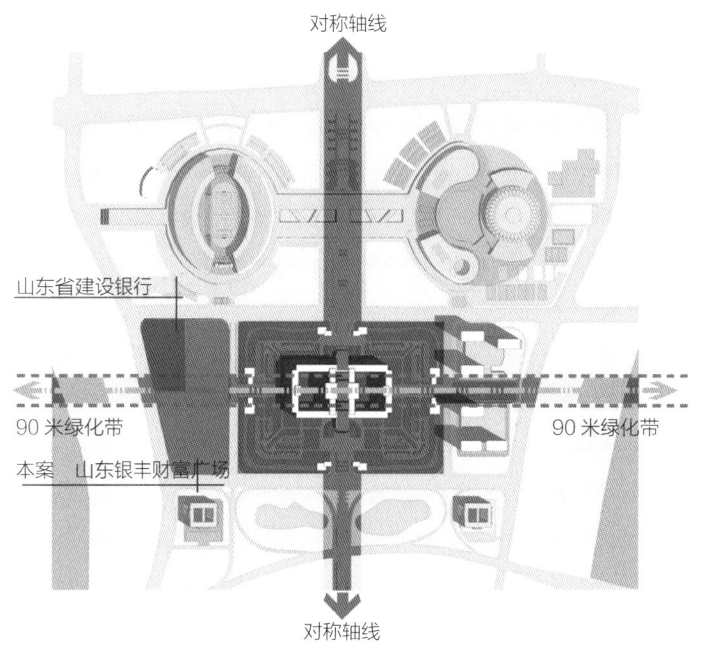

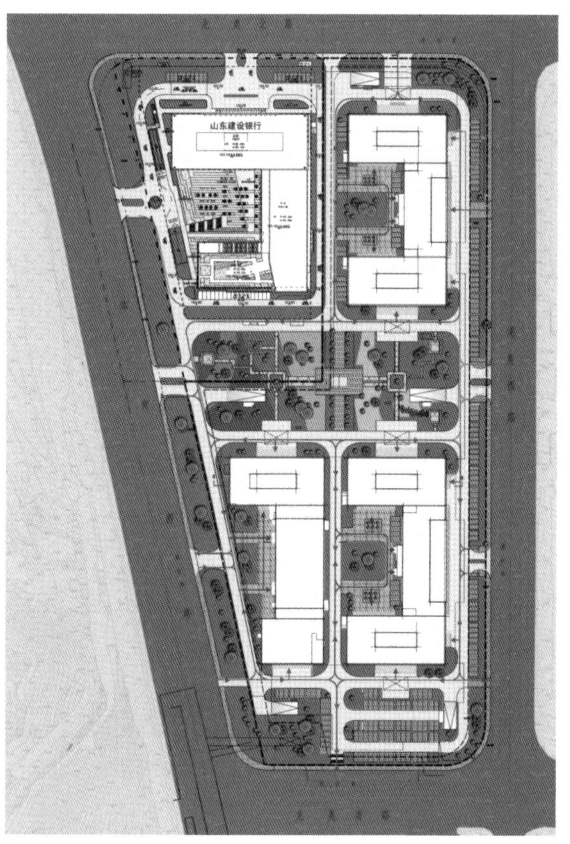

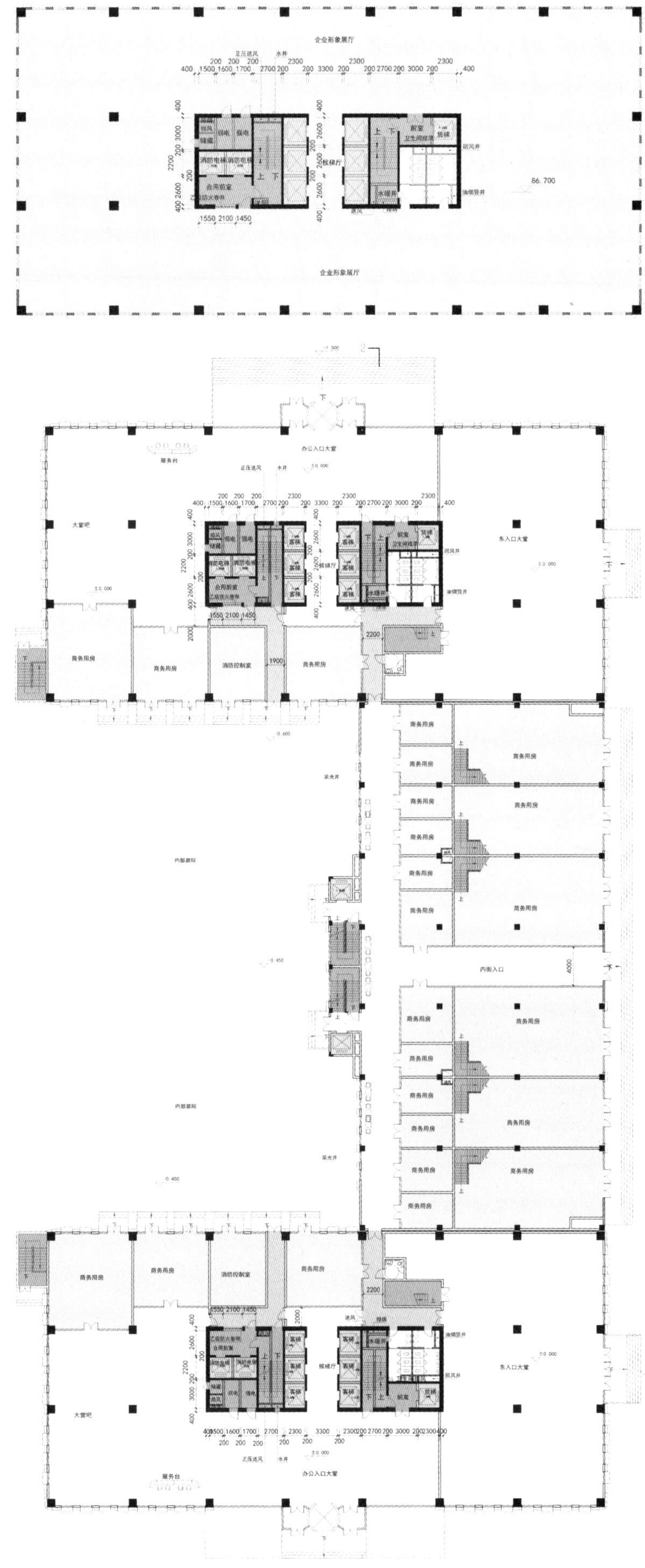

围合与开放

本项目以办公楼的体量感围合成院落空间，建筑内部可以形成多种多样的共享交流空间，通透的院落空间让使用者工作之余的休憩更加惬意。每组建筑连接部位都成为通高的共享平台，形成外部环境与建筑的灰空间。中心主楼上可以形成屋顶花园，让整个建筑更加生态自然。办公楼厚实的体量感以及庭院内部引入的水系更契合了临沂“蒙山沂水”的历史沿革。

临沂市河东区政府

设计类别：办公类建筑方案设计
建设地点：山东 临沂
用地面积：153000m^2
建筑面积：128670m^2
设计时间：2012 年

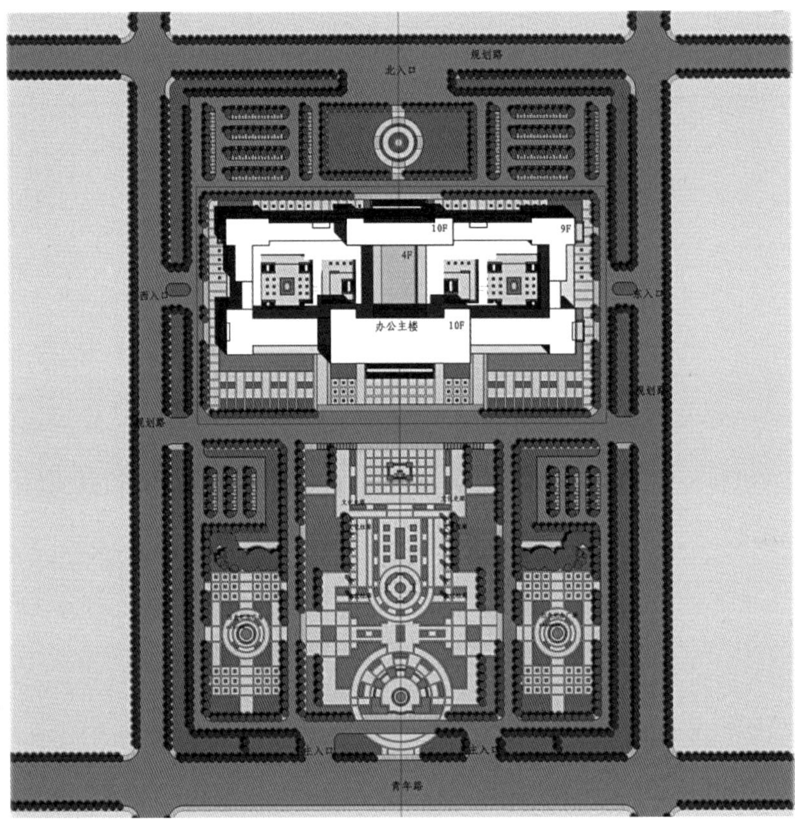
规划路
北入口
10F
9F
4F
西入口
办公主楼
10F
规划路
青年路

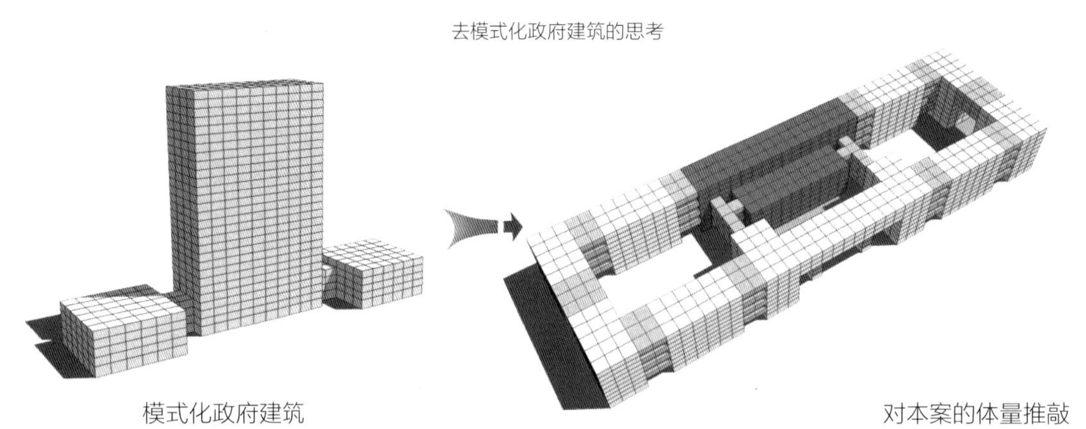

政府办公建筑作为政府的象征，伴随着权利的彰显，习惯以一种高大的体量出现，逐渐形成一种模式：高大的主楼，两旁的裙楼，是政府拥有至高权利的体现。而在民主化不断推进的现在，我们可以思考通过建筑来体现民主的含义：权力属于人民，政府服务于人民、成为人民公仆。因而政府建筑可以体现这样的意义：既要彰显权利，更要体现政府部门透明、公平、公正的态度。

考虑将高度转化为长度，不但减少了对新城区周边环境的侵入感和压迫感，更能彰显出政府部门亲民的态度和海纳百川、有容乃大的气度，内庭院景色可以通过灰空间渗透出来，更能体现出政府部门的透明，让建筑不再显得高高在上，还原政府建筑本来的面貌。

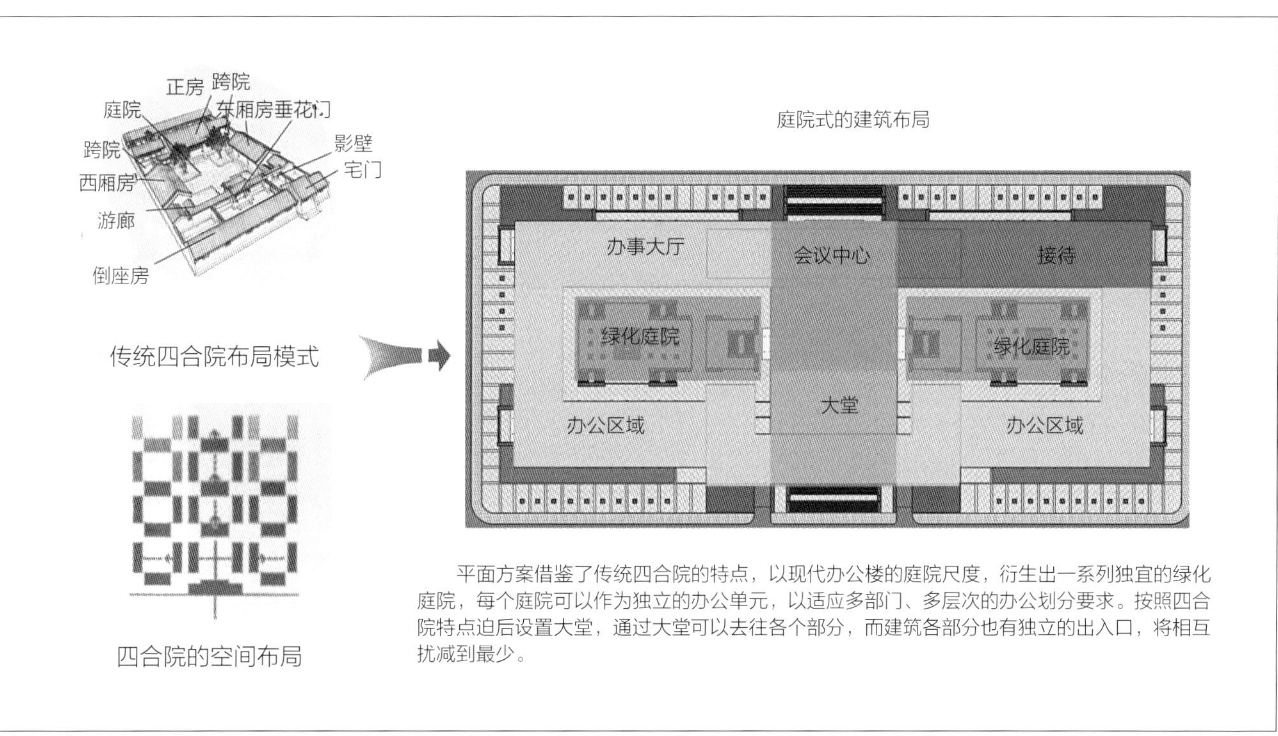

平面方案借鉴了传统四合院的特点，以现代办公楼的庭院尺度，衍生出一系列独宜的绿化庭院，每个庭院可以作为独立的办公单元，以适应多部门、多层次的办公划分要求。按照四合院特点迫后设置大堂，通过大堂可以去往各个部分，而建筑各部分也有独立的出入口，将相互扰减到最少。

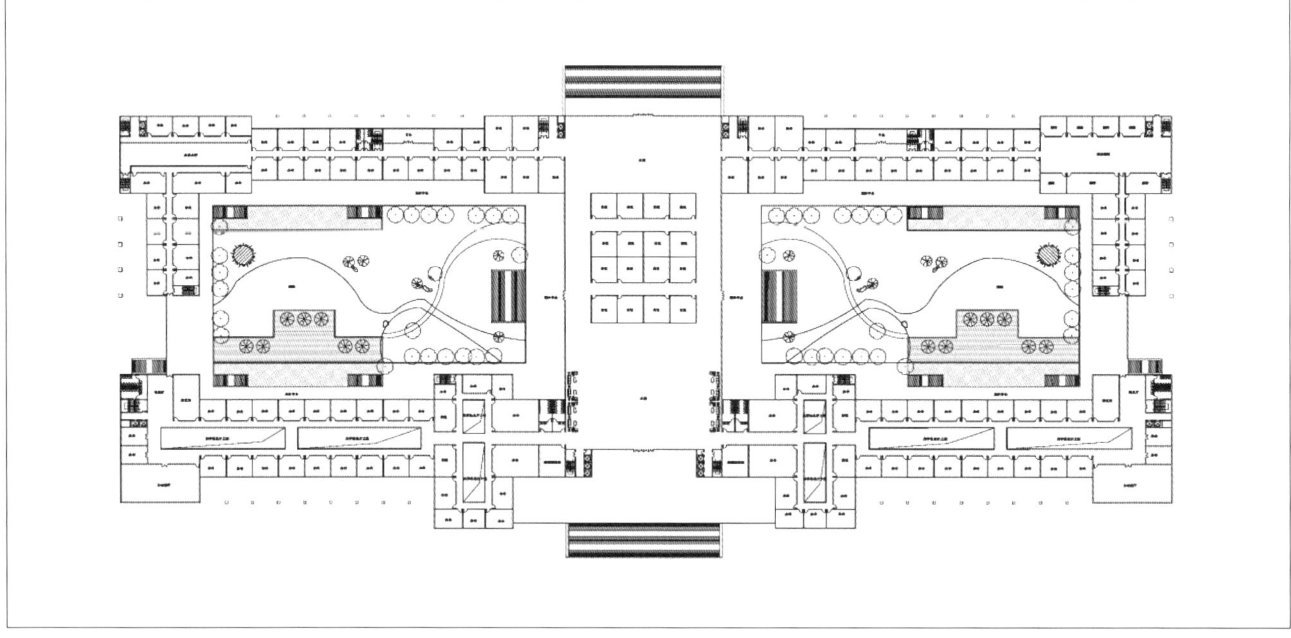

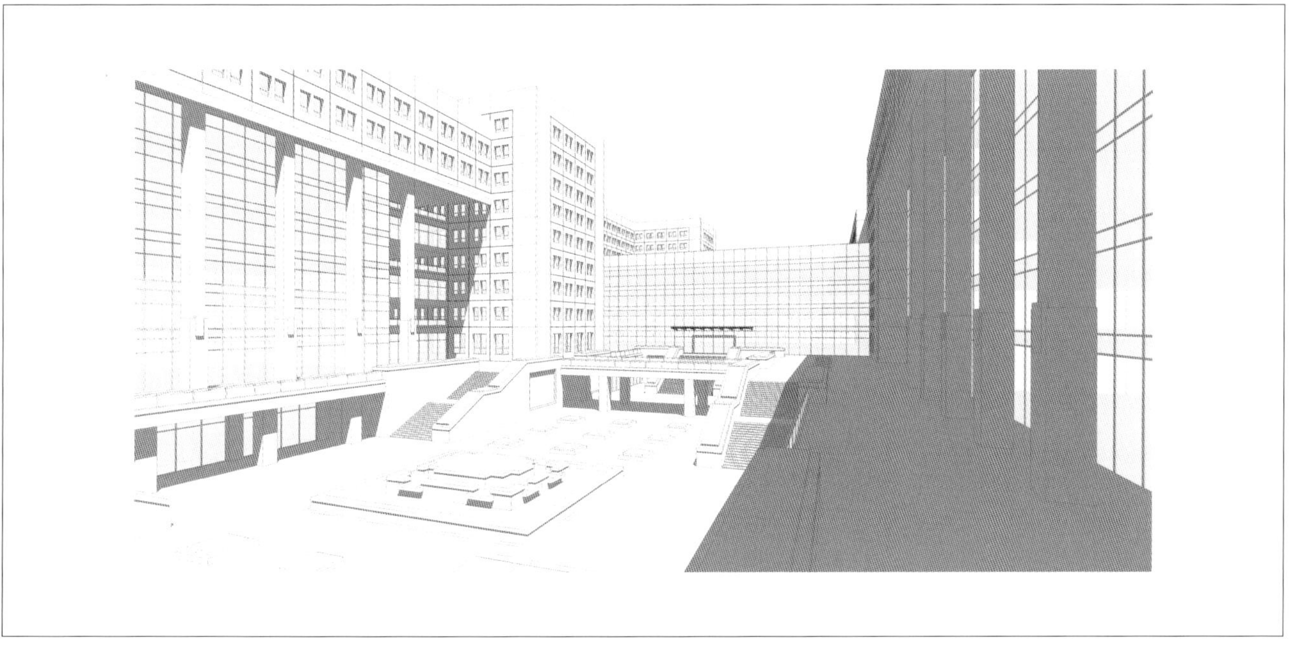

透视图

山东省临沂市农林局办公楼

设计类别：办公类建筑方案设计
建设地点：山东省临沂市
建筑面积：24000m^2
设计时间：2007 年

象征与生态

本项目位于临沂市区南坊行政服务区内，用地位于行政办公区东西轴线南侧。坐北朝南的行政办公楼的建筑侧立面往往设计成次要立面，本设计力图打破这种规律，从入口到外立面均进行积极的探索和尝试，用树叶的形态体现农林局的职责特点，突出其行业性质。从建筑顶部到整体造型及细节处理，均使用新建筑语汇，力求创造一个富有特色、讲究效率的当代办公建筑形象，以便在整个区域彰显其独特气质。

剖面图

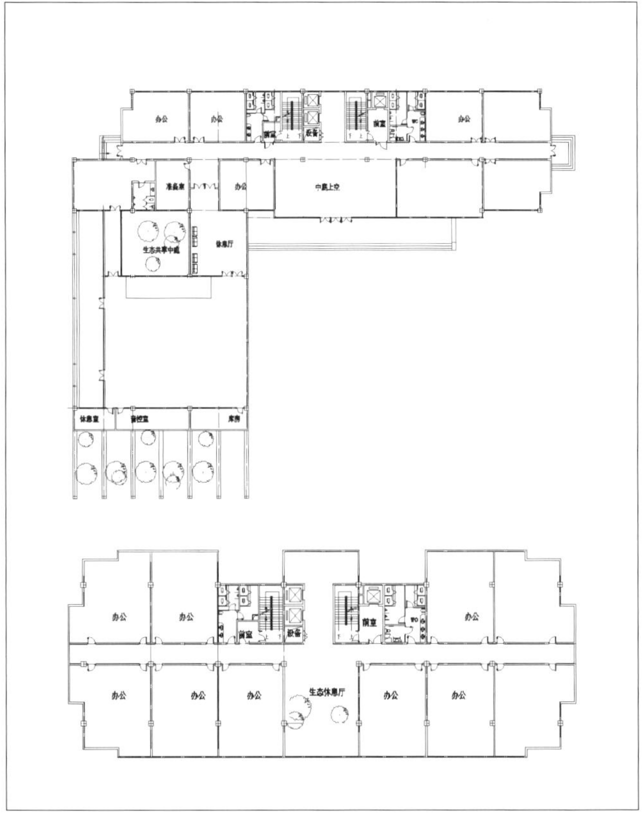
办公
办公
办公
准备室
办公
中庭上空
生态共享中庭
休息厅
休息室
库房
办公
办公
前室
前室
办公
办公
办公
办公
生态休息厅
办公
办公

实践·朴

ARCHITECTURAL WORKS

临沂海纳曦园生态住宅小区一期

设计类别：别墅类居住区规划及建筑设计
建设地点：山东省临沂市
用地面积：237500m^2
建筑面积：250000m^2
设计时间：2007 年

临沂海纳曦园生态住宅小区一期

本项目位于有悠久历史文化的古城临沂，设计定位为现代新中式住宅区。白墙、灰瓦、青砖，屋脊，山墙木构件及装饰构件等中式的建筑语言勾勒出传统中式建筑的神韵，完美的户型设计，充分考虑现代人的生活需求，整体造型简洁端庄，创造了适合现代中国文化审美的新中式居住建筑。

院落的设计，迎合了现代中国人的心理特点和需求，增加了邻里之间的和谐交往，单体设计更加注重细部及比例尺度，材料的运用也更加丰富，造型简洁又富有变化，为低密度高档住宅项目的建造起到了较好的示范作用。

灰色筒板瓦
12.280
9.280
白色外墙涂料
4.800
深灰色花岗石
灰色面砖横贴
干挂浅灰色花岗石
浅灰色花岗石

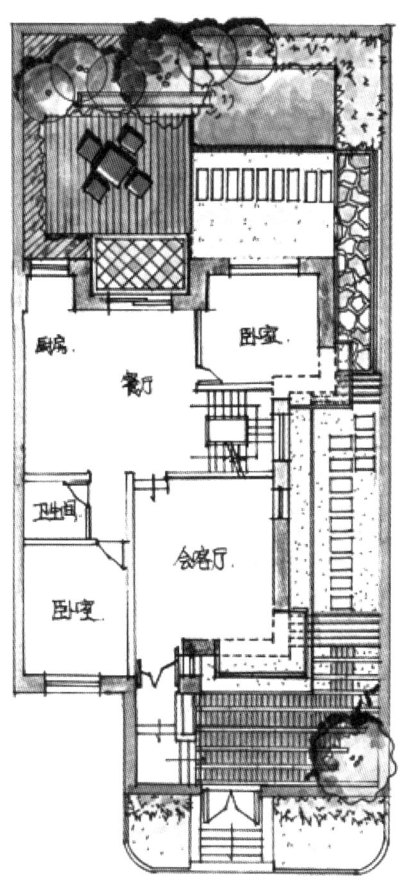
厨房
餐厅
卧室
卫生间
会客厅
卧室

浅灰色花岗石
干挂浅灰色花岗石
凹30
深灰色花岗石

河南鹤壁东方世纪城

建设地点：河南省鹤壁市
用地面积：133000m^2
建筑面积：200000m^2
设计时间：2008 年

河南鹤壁东方世纪城

本项目位于鹤壁市行政、文化、商业中心区域内，拟建设成鹤壁市具有代表性的高品质居住示范小区。以人车分流为设计原则，体现景观的均好性，突出水景特色；结合景观，设计多种类型的户型方案，充分利用组团用地特点布置房型，提高土地的价值含量；建筑布局依势赋形，不同高度的建筑摆放兼顾空间的艺术性；强调黑、白、灰主色调的合理运用，中式建筑元素、中式建筑符号的切入与现代构件、现代形式有机融合在一起。

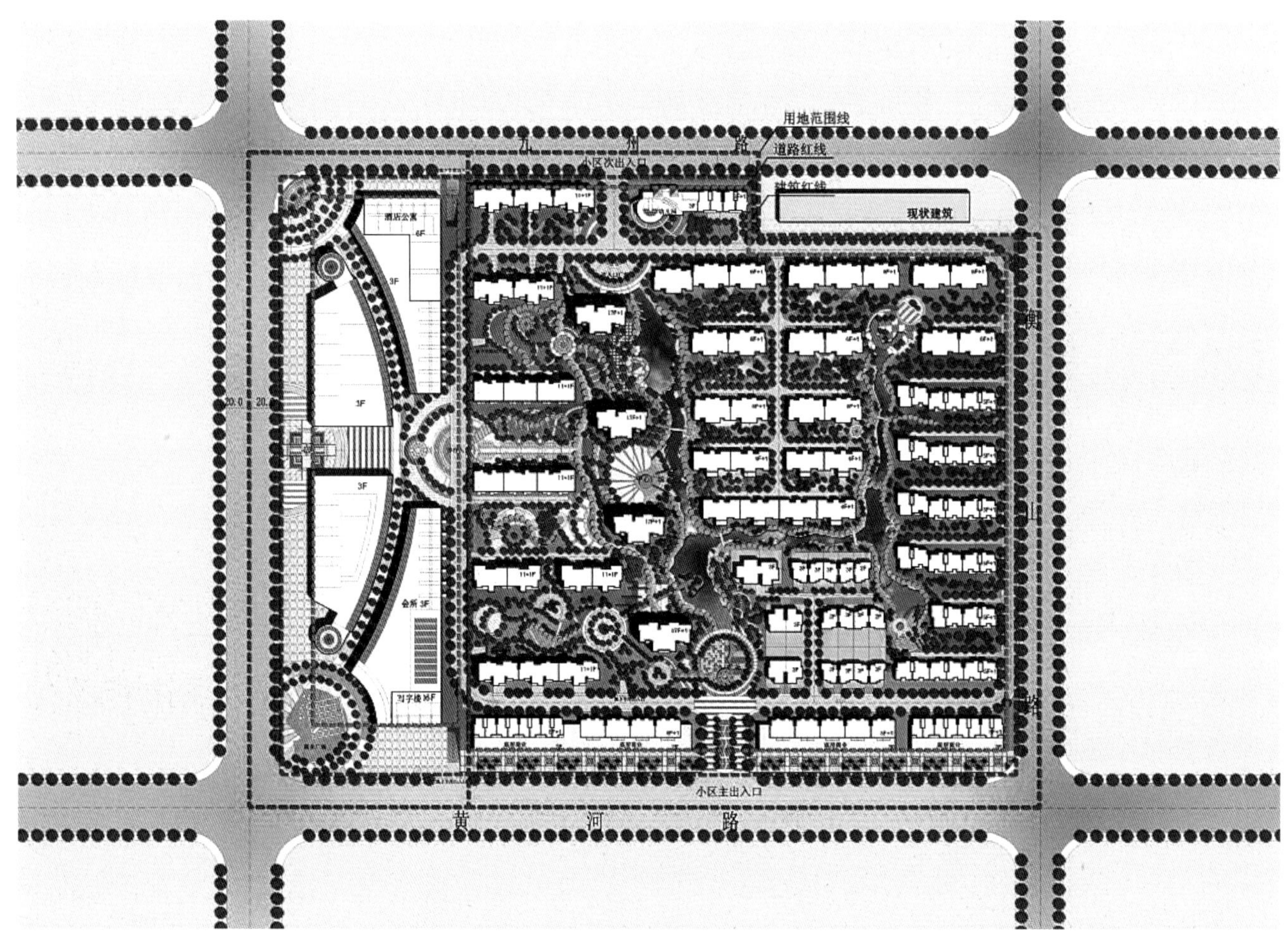

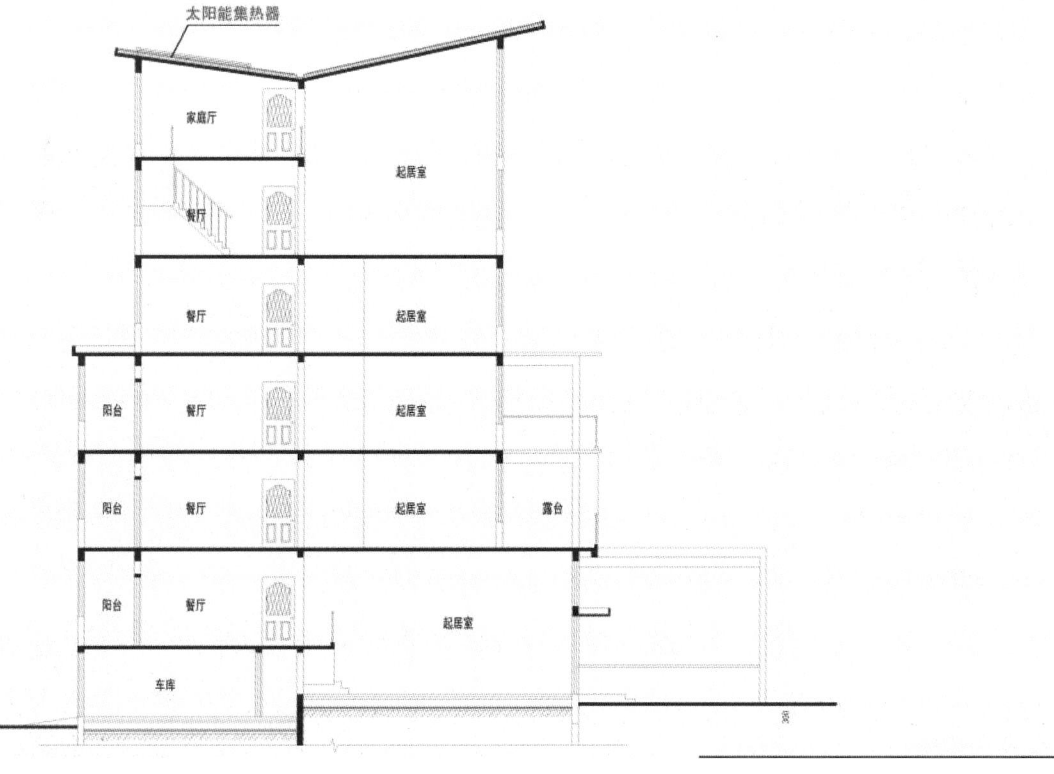
太阳能集热器
家庭厅
起居室
餐厅
餐厅
起居室
阳台
餐厅
起居室
阳台
餐厅
起居室
露台
阳台
餐厅
起居室
车库

山东高密豪迈城市花园

设计类别：居住区规划及建筑设计
建设地点：山东高密
用地面积：344300m^2
建筑面积：583200m^2
设计时间：2010 年

山东高密豪迈城市花园

本项目规划采用“一心、一环、两轴、九区”的布局形式。一心：位于基地的结构中心，结合小区主要出入口设置；一环：结合水景设计为整个小区的有机联系环，将胶河的水景在小区内延伸，真正做到景观资源共享；两轴：为小区东西向平行布置的功能主轴，将基地从南到北分为三段，并形成小区与东侧产业园区的联系轴线；九区：分别为七个居住组团、一个配套组团和一块街头绿地。

建筑立面为新中式建筑风格，“旧元素、新形式”的创新和整合成为设计的重点。设计将传统民居中的坡顶、镂花窗、青砖、灰瓦、白墙等符号元素，附加瓷砖、钢架等现代材质，使古朴的中式风格中有机渗入现代元素，使得建筑外观更具韵律感。项目具有庄重典雅中又富有现代建筑简洁明快的特点，形成中国传统民居与现代材质和谐结合的现代中式住宅风格。

花褪殘紅青杏小。
燕子飛時，綠水人家繞。
枝上柳綿吹又少。
天涯何處無芳草！
墻裏秋千墻外道。
墻外行人，墻裏佳人笑。
笑漸不聞聲漸悄。
多情却被無情惱。

花褪殘紅青杏小。
燕子飛時，綠水人家繞。
枝上柳綿吹又少，
天涯何處無芳草！
墻裏秋千墻外道。
墻外行人，墻裏佳人笑。
笑漸不聞聲漸悄，
多情卻被無情惱。

鸿
顺
御

邹城鸿顺　御景城小区

设计类别：居住区规划及建筑设计
建设地点：山东济宁
用地面积：69300m^2
建筑面积：195400m^2
设计时间：2012 年

邹城鸿顺　御景城小区

设计采用文化、构图、“中国风”三点构思要素，并提出“回归”这一主题，力求多方面将现代生活功能与传统空间相结合，也希望将中式人居智慧、诗意栖居的中庸与和谐表达出来。

现代建筑设计与中式传统居住空间相对接，以强化入口空间层次体现中式庭院住宅的归属感。设计从院墙门入口进入小型封闭庭院，再从庭院进入公共大堂，近似于四合院的空间层次，并通过压低为一层高的院墙入口，降低高层建筑入口尺度对用户的压迫感。

设计采用“顶部标志、中部简约、底部纯粹”的原则处理建筑外观。高层顶部正面墙面上设置中国红色回格窗，镂空的设计使顶部看起来像个别致的灯笼，寓意幸福吉祥之意。设计中为打破中式建筑灰白色调给人的沉闷感，在立面上使用了暖色的竖向条，传统元素与现代材料相结合，在形似与神似之间寻找恰当的契合点，这是在高层住宅楼设计上的一种探索和尝试，设计手法可延展到其他城市、其他项目，使得楼盘具有一定的识别度和标志性。

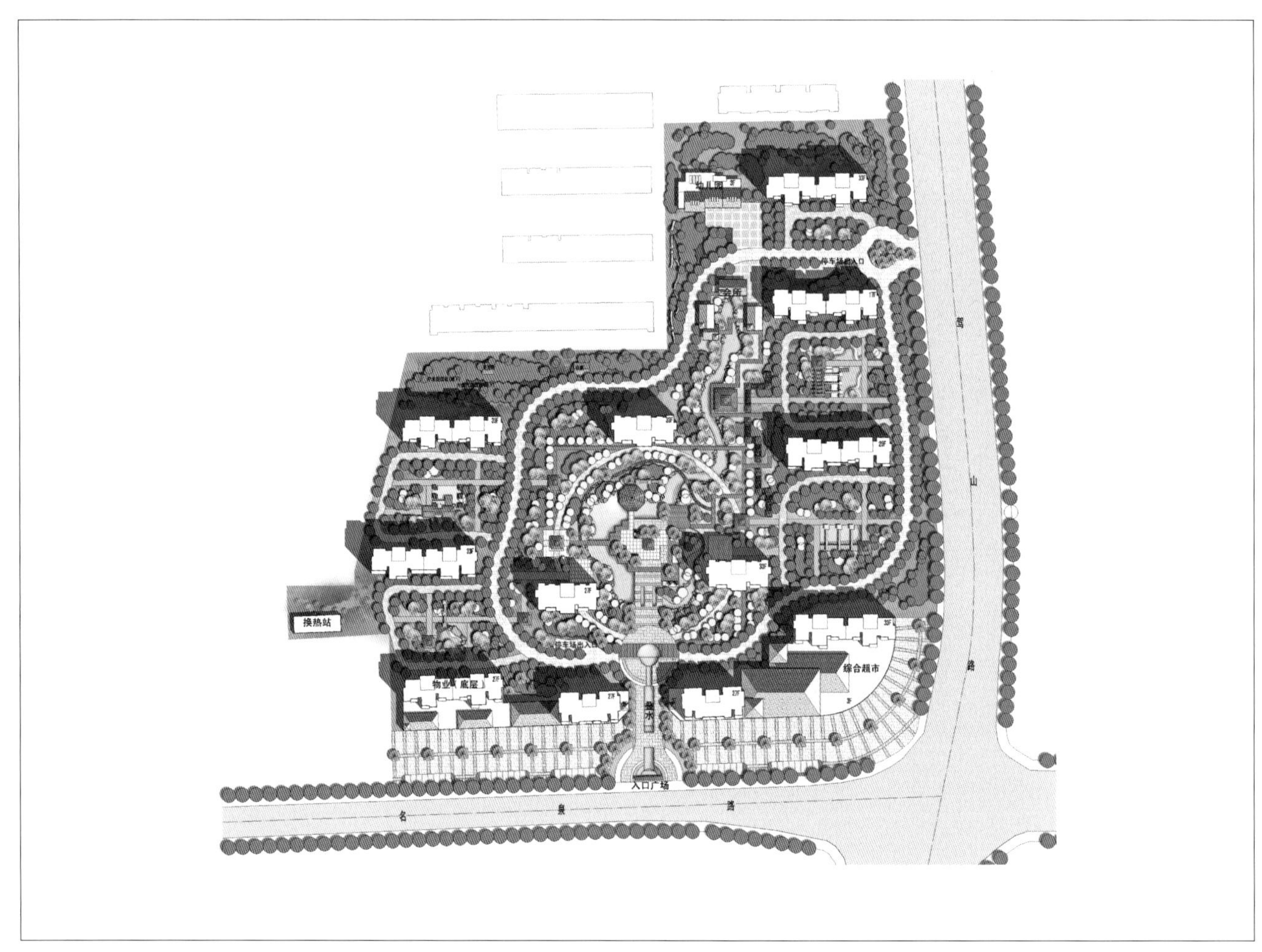

鸿顺 御景城
哈根达斯冰激淋

实践·趣

ARCHITECTURAL WORKS

山东潍坊北斗置业展览馆

设计类别：文化类建筑方案设计
项目地点：山东省潍坊市
建筑面积：1450m^2
设计时间：2014 年

山东潍坊北斗置业展览馆

消隐与秩序

本项目位于城市河道景观区域中，设计试图将建筑“消隐”在自然环境中，将建筑与自然相互穿插、相辅相成——离散式的布局是将建筑体量与自然环境穿插的有效方式和手段。

借鉴密斯的经典风车形布局，赋予分散的体块以无形的秩序。建筑的外围呈现片段化的形象，使得被削弱的体量能更好地融入环境。各个展厅空间相互独立，水平延伸开的展廊将体块和庭院串联起来，模糊了室内外的界限，形成了流动空间。

外向型的入口庭院和内向型的中心庭院是景观空间的中心，围绕这两个庭院又打造了线性景观狭缝和私密小庭院，从而形成了三级景观渗透，使得“消隐”得以实现。东南角的景亭，一方面均衡构图，另一方面使得展览建筑以一种谦逊的姿态回馈社会，为散步、踏青的市民提供一个休憩的场所。

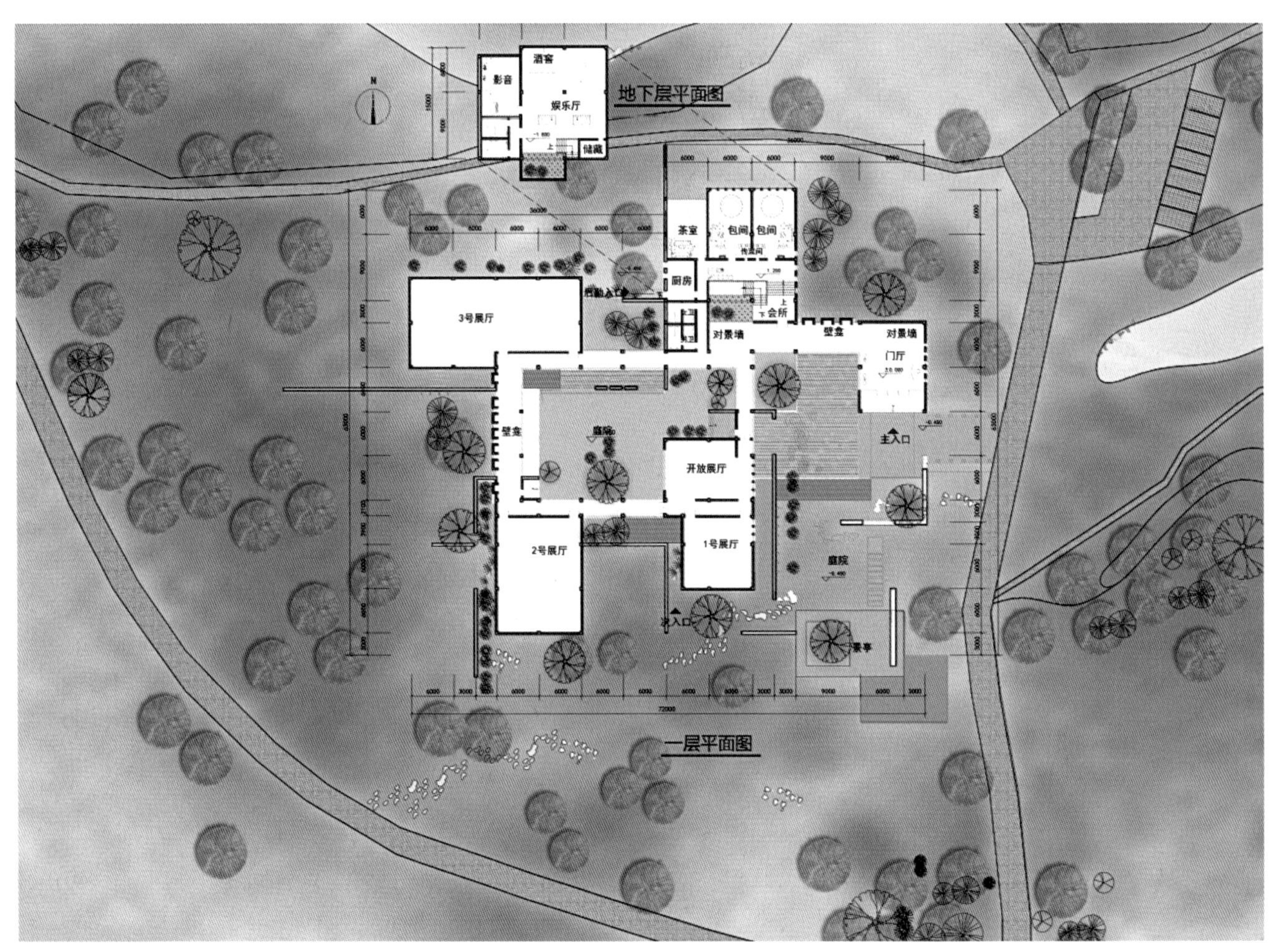

指标		面积
总建筑面积		1475.96㎡
其中	会所面积	274.96㎡
	展厅面积	662.42㎡
	展廊面积	538.58㎡

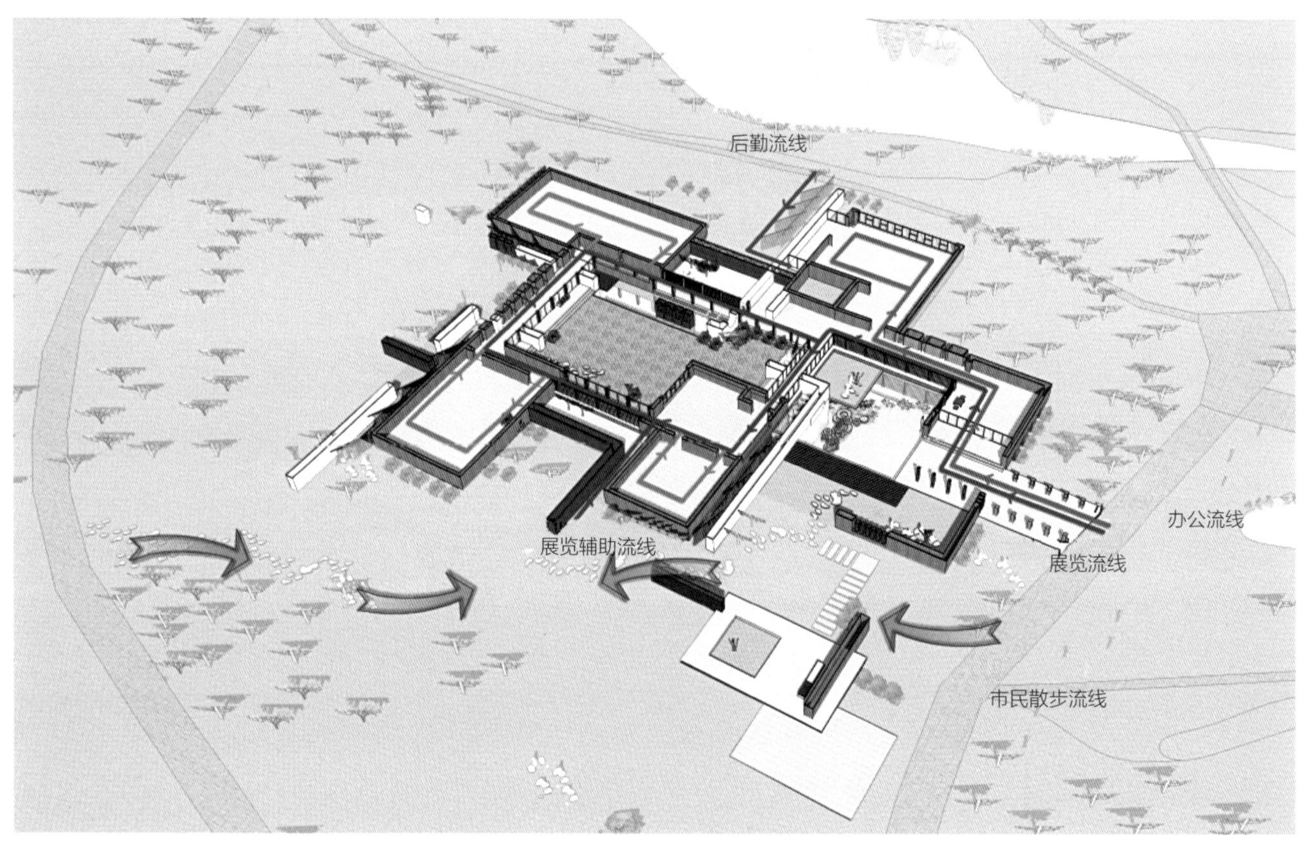
后勤流线
办公流线
展览辅助流线
展览流线
市民散步流线

N
停车场
后勤入口
庭院
主入口
次入口
景亭
密斯·凡·德·罗的经典平面

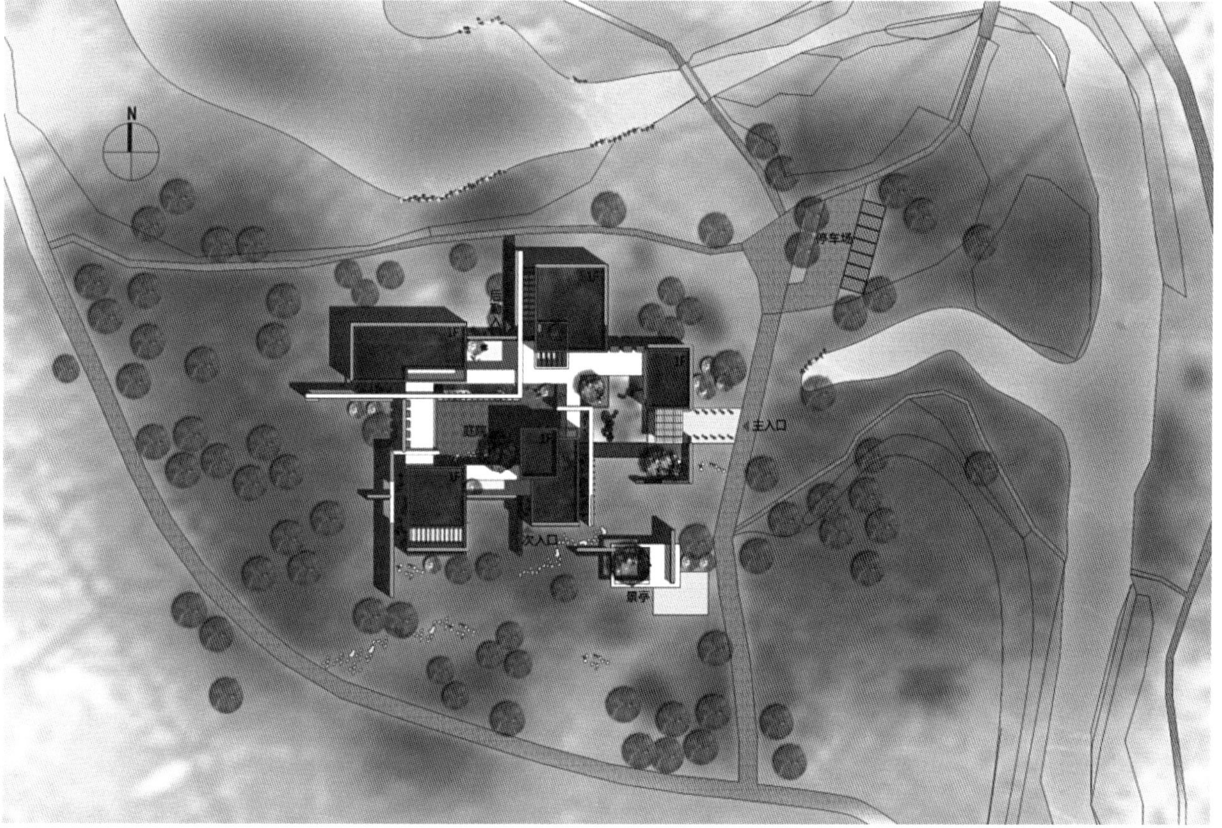
N
停车场
后勤入口
庭院
主入口
次入口
景亭

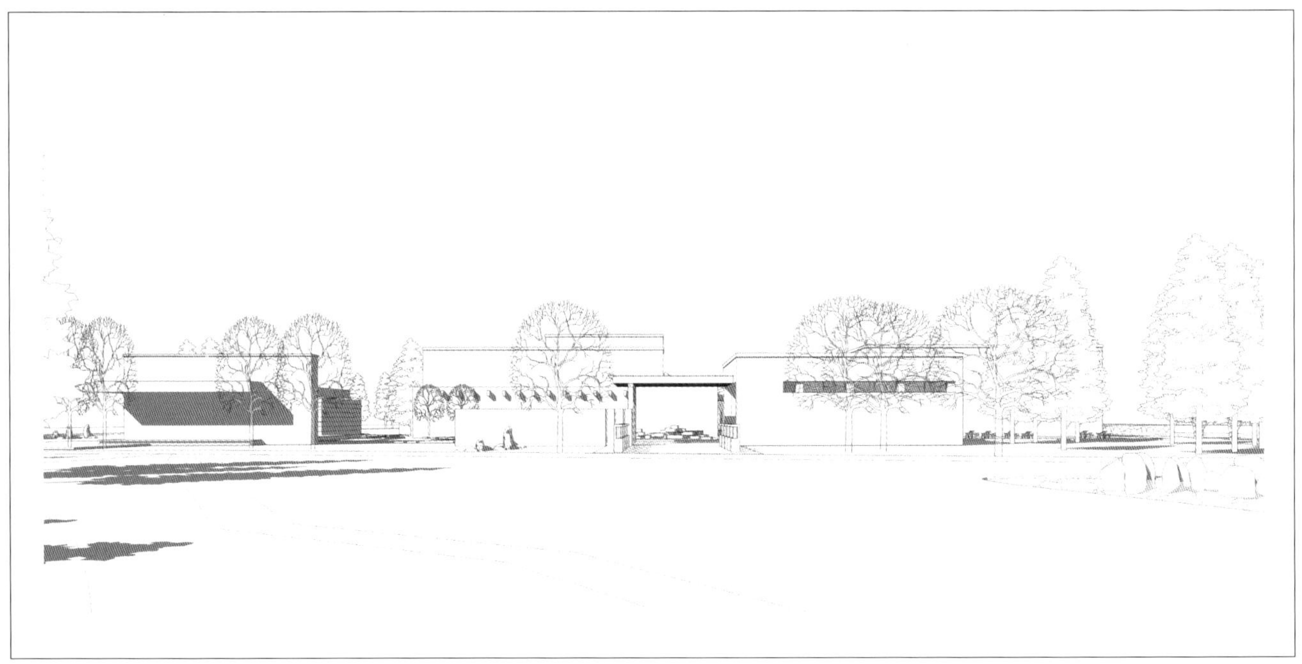

济南唐冶生态谷

设计类别：商业综合体建筑方案设计
建设地点：山东省济南市
建筑面积：16193.69m^2
设计时间：2016 年

自然与活力

本项目位于济南市唐冶片区，此前为一个废弃的矿坑，周边为居住区，其街角规划为社区商业。设计的愿景是打造生态休闲体验式公园，在尊重现有自然环境的前提下，打造属于城市、充满趣味、让年轻人为社区、为商业注入新活力的独特场所。设计包含了城市栈道、景观叠水、活力攀岩、峡谷吊桥等特色自然节点，在环形跑道、峡谷吊桥上均可俯瞰各类设施中的商业、健身活动，希望这个生态公园是一个充满活力、亲近自然的商业休闲空间。

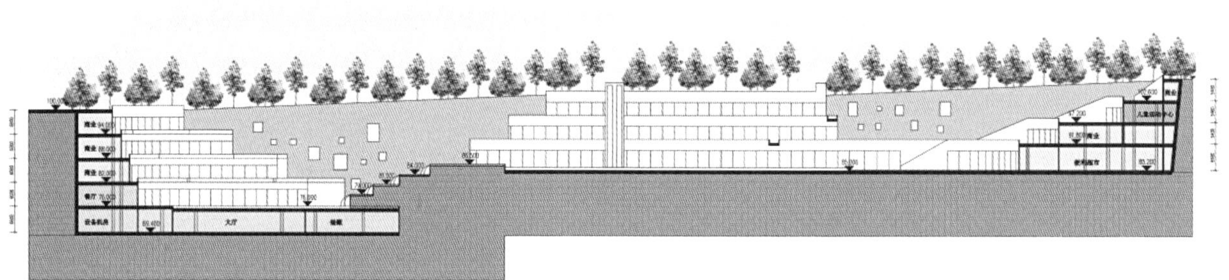

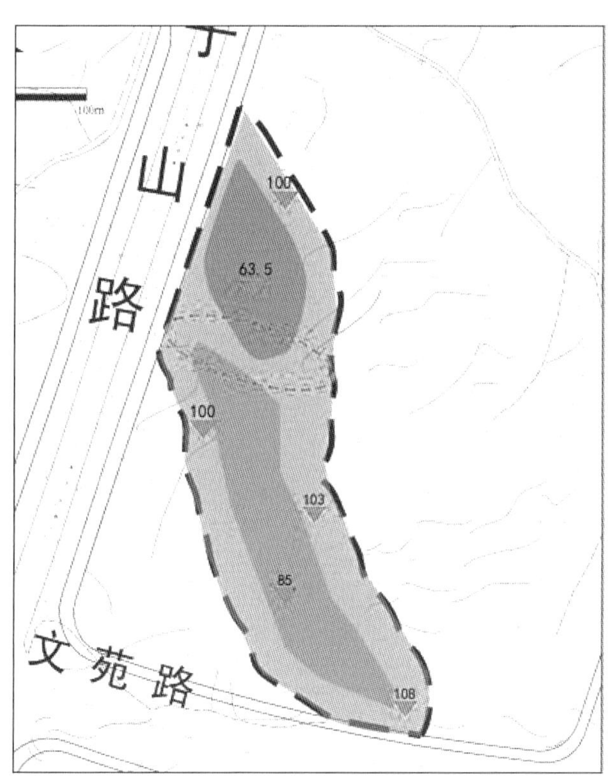

问题提出

原始地形南北两个区域由较高的屏障阻隔，且较深的区域与地面高差达 40 米，与较浅区很难形成贯通和联系。

解决方案

将中部的屏障区域打开与较浅区域平齐（图 A），多余的土方用于较深区域的填埋，使其深度达到五层建筑可达的深度（图 B），利用深浅两个区域的高差，营造一个叠水的景观节点。

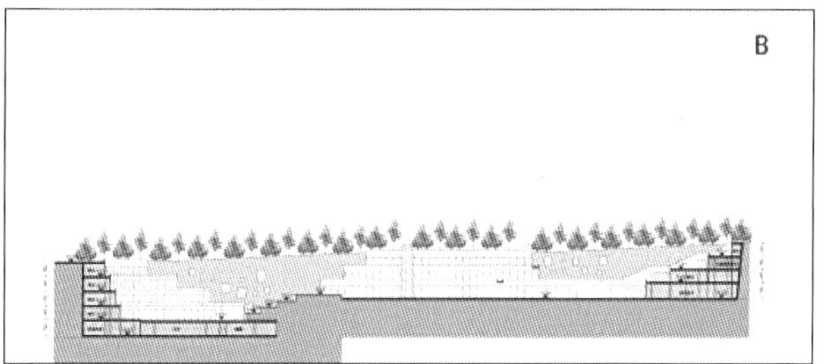

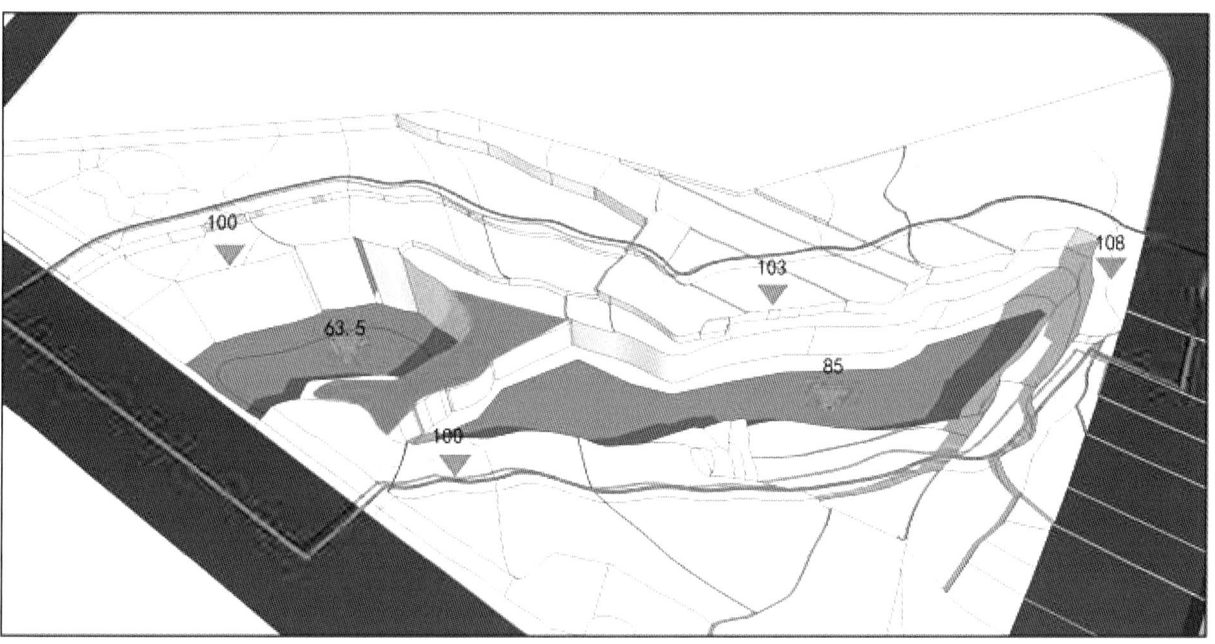

问题提出

项目要打造怎样的功能定位，且以怎样的方式串联联系

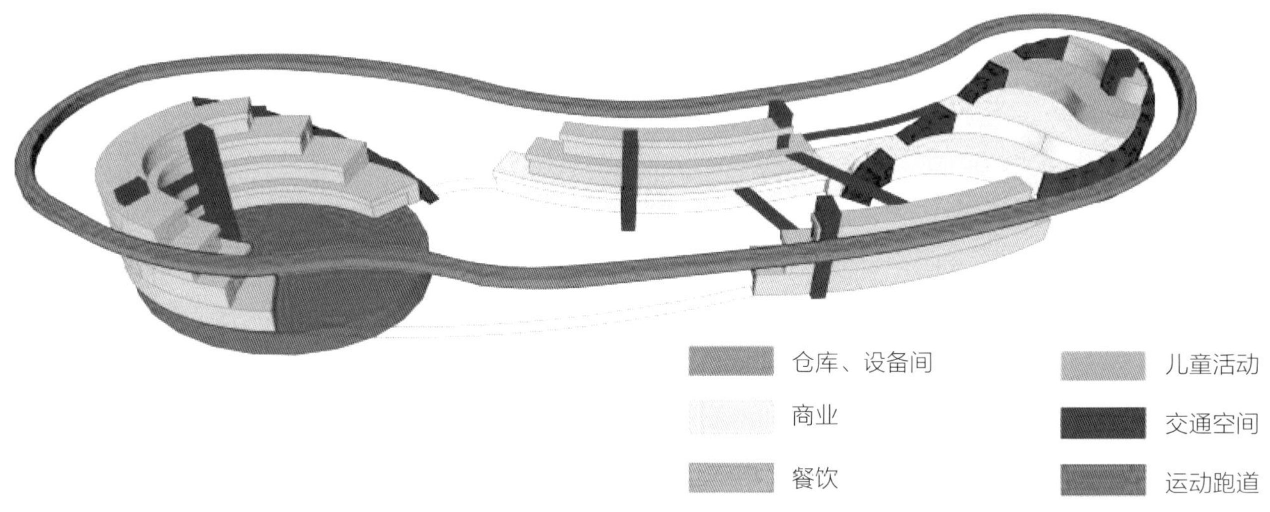

解决方案

综合案例分析以及设计愿景基本确立了本项目以休闲公园为载体，包含运动、餐饮、娱乐休闲、商业配套功能，突破传统商业模式，打造体验新模式，通过建筑内部楼电梯形成建筑内部垂直交通、通过室外平台及室外楼梯形成建筑外部可以环绕一周的水平交通。

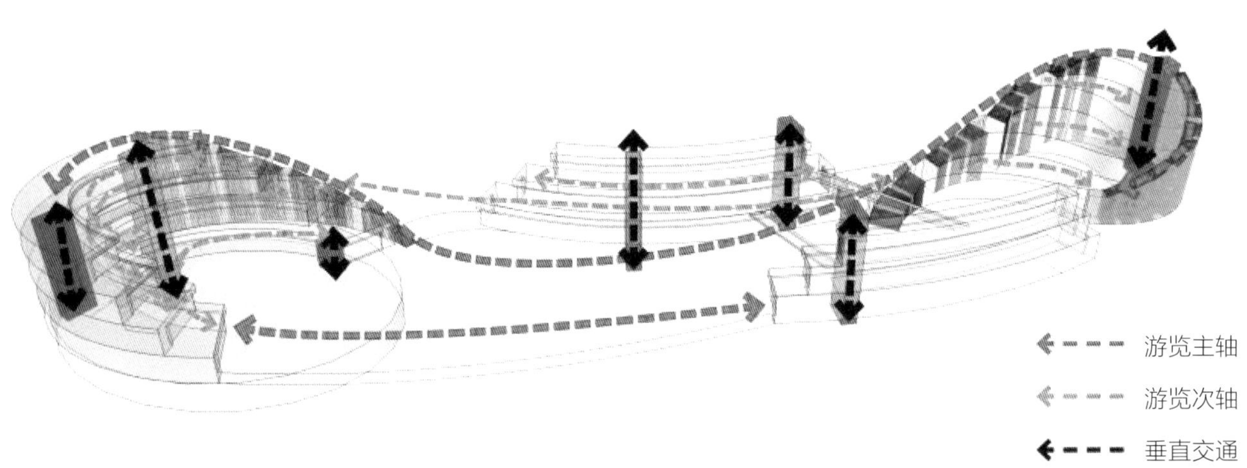

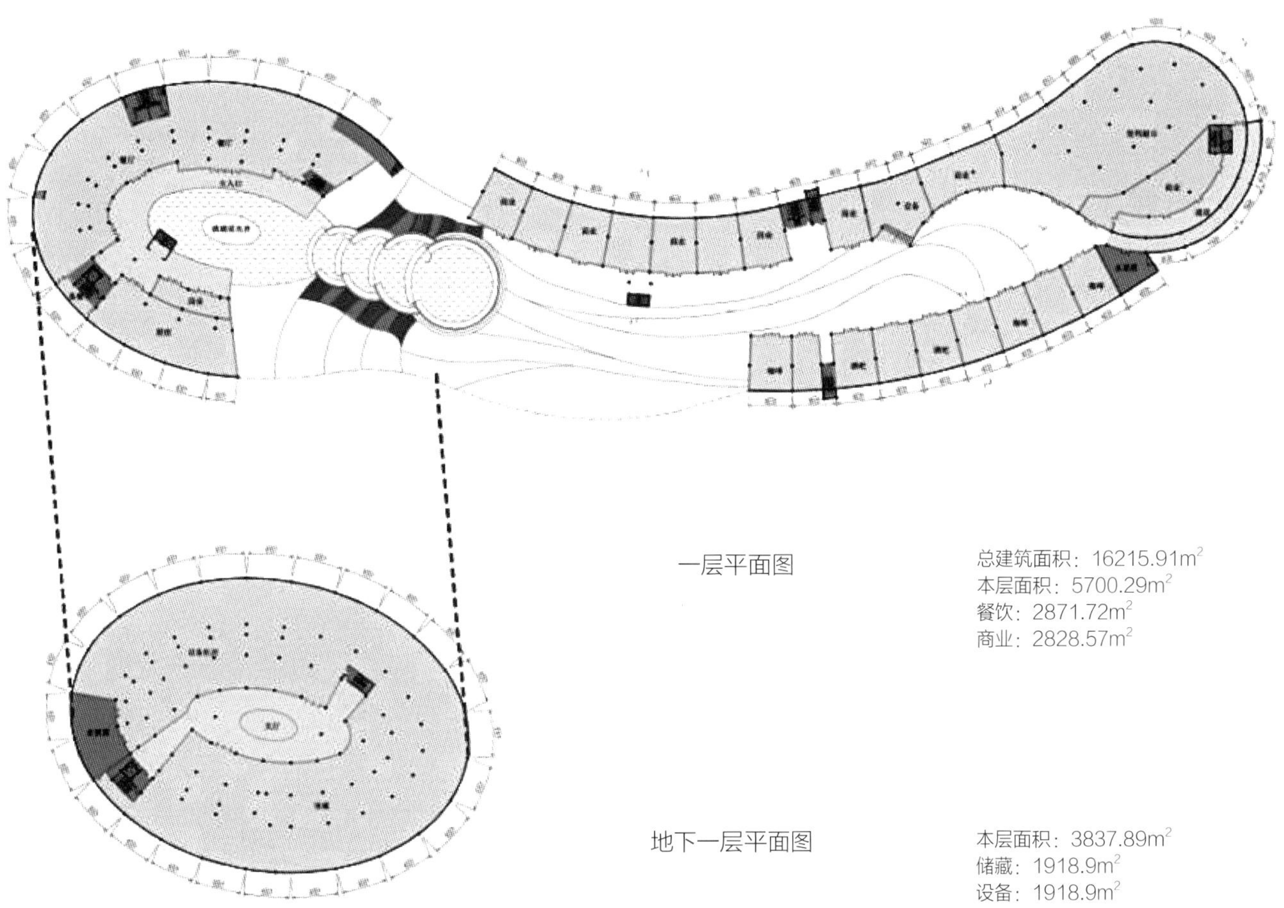

一层平面图

总建筑面积：16215.91m²
本层面积：5700.29m²
餐饮：2871.72m²
商业：2828.57m²

地下一层平面图

本层面积：3837.89m²
储藏：1918.9m²
设备：1918.9m²

品谈

REMARKS

中小城市建筑设计的继承与创新

——陶然居大酒店设计新思路

文 \ 申作伟

引言

陶然居大酒店位于历史文化名城——临沂市，占地20000平方米，一期工程6000平方米，二期工程19000平方米。一期按三星级标准设计，二期建成后要求达到四星级标准，酒店内共设有248套标准客房，是一座功能齐全的旅游涉外酒店。临沂市是一座古老的历史文化名城，本项目酒店的基地距《孙子兵法》挖掘地竹简墓0.8公里，距王羲之故居1.2公里，处于城市历史名胜风貌保护区内，城市规划对该区域内建筑的高度、形式等均有不同的要求。数次的修改推敲，一个整体的构思框架在脑海里趋于明朗：

整体布局的园林化处理；功能结构的可分可合；空间序列的道空间手法；立面形象的继承与创新。从这四方面着手设计，一种微妙的具有中国传统园林建筑的空间情趣便自然而然地渗透到建筑设计的各个方面，在整个建筑设计的表达中，创作的表达是柔和的，绝没有“加几个亭子”之类生硬的设计，但由于它涉及从布局到立面的各个方面，是一种从整体到细部的协调统一。

本文发表于《建筑学报》1996年第二期，第18~21页

整体布局的园林化处理

原有地形周围没有高大建筑，南面为城市干道，用地中间是一处鱼塘，在设计中我们充分利用这一景观优势，将原有鱼塘稍做改造处理，整个建筑围绕鱼塘展开，形成以为其中心的室外庭院，以一条桥廊将庭院分为东西两部分。东侧分为“文池”、“武园”两个小庭院，庭院较小，是建筑群中的“活眼”：为表现《孙子兵法》出土的地方特色，精心营造出一个表现古代阵法的“武园”——以静观为主。“文池”的设计取自临沂古代文人王羲之的“鹅与洗砚池”为主题，两个小庭院设计细致、有个性。西侧庭院面积较大，向西侧敞开，临水设计了红色瓦亭，室外游泳池和架于水面上的廊、水桥、蘑菇亭等景观，以绿树、草坪相衬托。既满足宾馆的功能需要，又形成景观丰富的庭园，以临近的历史支脉“金雀山、银雀山”为主题，涉及两个巨大的不锈钢雕塑金雀、银雀置于水面之上，配合喷泉和水下彩灯，形成以进入式动观为主的大型庭院。

一静一动两个庭院的对比处理，形成灵活多变的总体建筑布局——围绕庭院高低错落，同时也为建筑内外空间的处理中借景、对景等园林手法的运用，留下了伏笔，大大活跃了建筑的室内外空间。在这里，建筑点缀了环境，环境又丰富了建筑，既有江南园林精巧布局的特点，又有北方园林开阔壮观的气势。

功能结构的可分可合

园林式酒店布局的最大问题是客房相对分散，虽然便于分期建造，但管理不便，所以我们在设计中采取了相对集中的办法，将客房区布置在西侧庭院两端，东西向排列，中间以连廊与大堂相接，大堂与连廊东侧为餐饮服务区，餐饮区的北侧为后勤管理区。大堂和中部连廊将宾馆的几个功能分为三个组团。酒店流线组织明确，人流与货流分开，宾客与员工分开，有利于酒店的管理。整个酒店有两纵三横五条连廊将各部分连接起来：东西向的第一横廊以大堂为中心，连接两端的客房区与餐饮区；第二横廊连接公共活动区的精品屋与东侧的风味餐厅；第三横廊连接高档客房区与服务娱乐区。两条纵廊又将这三条横廊联系起来，在纵横廊的节点处则根据宾馆的使用功能需要，设计了过渡的空间：如餐饮与客房区之间的酒吧、公共活动区与客房区之间的咖啡厅等，形成各能分区间的有机联系与自然过渡。在这里，古典园林中廊的作用得到了充分的运用。各功能区间可分可合，动静分明，布置合理。

空间序列的道空间手法

艺术创作中最难的莫过于寻找表现的契机——表达典型构思的典型形象。这一过程用建筑大师路易斯·康的话来说，就是从静谧走向光明的过程，而具体到本设计中，我们希望找到的契机是一种空间模式——一种既符合现代使用功能又具有传统园林空间情趣的空间模式，从而为本设计找一个实实在在的落脚点。

这是整个设计的难点所在。

在中国建筑界，传统与创新之争绵延几十年，始终没有提出完善的结论。而在日本，不同的建筑师却从各自不同的视点出发去挖掘传统，从而创造出各自独特完整的建筑空间模式，并运用在一个又一个的优秀作品中，如矶崎新的“间”、原广司的“集落”、东孝光的“狭缝”空间、桢文彦的“奥”、黑川纪章的“灰空间”等。我认为，这其中最重要的差别就在于我们的争论过多地停留在表面上，而没有去探讨一种空间理论，即使有了所谓“新而中”的空间理论，也没能真正在实践中其转化为“理论空间”——从空间概念到概念空间的转化，在这里，我渴望寻找一种能表达设计的“空间理论”并将其落实为“理论空间”。

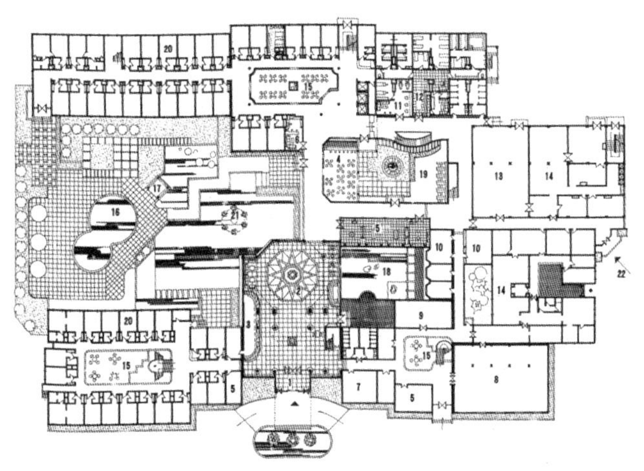

1. 一层平面
①过厅 ②大堂 ③总服务台 ④酒吧 ⑤精品商场 ⑥商务中心 ⑦接待室 ⑧中餐厅 ⑨西餐厅 ⑩风味餐厅 ⑪美容厅 ⑫桑拿浴 ⑬职工餐厅 ⑭厨房 ⑮中庭 ⑯游泳池 ⑰陶然亭 ⑱文池 ⑲武园 ⑳标准客房 ㉑金雀银雀雕塑 ㉒工作人员入口

自毕业后至沂蒙山区工作，由于实际条件所限，接触了许多功能单一、布局简单的设计，设计一旦做不好，作品就会流于平庸，建筑师的创作欲促使我不甘平庸，所以就费尽心思地去求新求变。在主功能房间无可变动的情况下，就着眼在交通空间上作文章，走廊空间的变化、厅（庭）的变化、走廊与楼梯结合等手法的综合运用，创造出许多不平凡的空间效果。

实践中我逐渐意识到，这种在交通空间上作文章的设计手法对于中低造价建筑而言，是行之有效的处理方式——而在中国的古典园林中，最具有魅力的也正是“步移景异”的交通空间。于是，这个长久以来的梦想落到了持之以恒探索的手法中，结合而成了这次设计中的创造契机——道空间。它不是指某种具体的功能空间，而是一种操作性的空间设计手法。

道空间的处理主要从以下几个方面借鉴吸收了园林建筑空间的处理手法：

(1) 忽内忽外，大量采用借景、对景的空间处理手法。

(2) 忽开忽合，结合咖啡厅、大堂、中庭及酒吧的布置，特别控制了空间的收放，打破走廊的单调感。运用到走廊的墙，忽为开放，忽为半开放，忽为封闭。

(3) 忽明忽暗，特别注意了走廊在行进过程中的光影序列。

主入口外景

内庭院“武园”

(4) 忽静忽动，结合宾馆的功能要求，在几条廊道节点处设休息区形成行进人流与休息人群“静观动、动观静”的空间效果。

(5) 忽高忽低，现代中庭共享空间的引入，进一步丰富了廊空间的竖向变化序列。由于各功能区间所需的层高各不相同，在设计中加以有目的、有顺序的组织，即形成了各条廊道忽高忽低的“变奏序曲”。这一特点在大堂南北廊道中体现得格外充分，整条廊道有四次层高的变化，人们步行于其中，就像在聆听一首交响乐，有前奏，有序曲，有高潮，也有尾声。一进宾馆，人们首先从一个层高较低但尺度亲切宜人的门过厅，进入一个两层通高尺度相对较大的中庭，通过激动人心的空间高潮之后，便进入了一个一层高的咖啡厅，再向北走是一个层高略低的服务前厅，通过这个欲扬先抑的小空间，就来到了高达五层的客房区中庭，上下贯通、气韵生动的共享空间将人们的视线引向高处，使整个空间序列得到了无形的延展，颇具“曲已尽而韵无穷”的效果，正与中国传统园林空间无终无休的空间情趣相契合。

在设计作中，我们也将许多现代手法吸收到道空间的处理中来，如中庭的运用，在空间的起承转台中设计的几个大小不一、明暗不一的厅和庭，将空间的变化向竖向空间延伸，于是廊空间也随之立体化了。设计中几种采光手法——顶光、侧光、天井采光也结合实际情况加以运用，更大大丰富了空间效果，正如路易斯·康所说的“设计”空间就是设计光影，这种“山重水复疑无路，柳暗花明又一村”的空间效果，使廊空间成了真正的景观走廊，颇具传统园林建筑中的“步移景异”的神韵。与功能结构相符，这种廊空间的处理在两纵三横的通道中，得到了淋漓尽致的体现。五条廊空间相互联系，配合以绿化景观、艺术品展示的穿插，使整个宾馆处处允满了逗留的情趣，处处充满了丰富的变化。人们在这里，不断感受到了空间转换所带来的惊奇和愉悦。

立面形象的继承与创新

由于体现传统韵味的着力点在空间模式上，所以立面设计中摒弃仿古式，我们抛开一切飞檐斗拱的装饰构件，而是以“现代形式，文脉情韵”为立面设计原则，简洁的形体辅以大面积的白色为主调，在屋檐、山墙等细节处理上采用中国传统马头墙的形式并加以变形与简化，部分山墙局部点缀红色波形瓦檐，窗子的形制为体现中国传统园林建筑特色，采用了具有传统风格的窗格图案，稍加提炼，形成“亞”形，以此形作为母题，反复运用到室内设计、大门、外墙、内庭园甚至围墙上，强调细部与整体的高度统一。同时又不断进行“亞”、“凸”等形式的变形运用，使整个建筑外观在统一中有变化，在变化中又有统一。

本设计以丰富的细部设计取代了建筑装修，用精致几经推敲过的细部取代生硬装饰，如路易斯·康所说言：“节点是装饰的起点，匠师们越不穷事修饰，其工艺性的装饰就越丰富。”

外型空间的设计，同样追求形体的变化，由于宾馆

内庭院游泳池

一期客房中庭

使用功能的空间要求以及园林式布局的处理，整个宾馆呈现出高低错落的组合形式，所以在立面设计上采取了均衡不对称的处理手法。整个建筑在形体上求得变化，在细部上则求统一，建筑整体中充满了无处不在的相似和无处不存的差异性。这种整体求变化，细节（单体）求统一的思路，不但体现出古典园林建筑的组合原则，也大大活跃了这个长达 120 米的沿街立面。

结论

四星级标准的陶然居大酒店于 1994 年 8 月建成。经过一年多的使用,受到各方面的好评。在 1992 年“建筑师杯”全国中小型建筑优秀设计评选中，该建筑一期工程榜上有名。回想起来，有两点体会最深：

一是创作的基础必须是有激情和高度的工作热情，但这种热情又必须经过“冷处理”：即对建筑周围的环境进行充分细致的分析，体现地方文化，才能设计出有特色有个性的方案。设计过程中对建筑的布局、内外空间、造型、色彩等进行反复推敲，让自己的构思可以经受现实条件及甲方要求的考验。这样才能使构想以理性的形式完美地表达出来，而构思的过程也同样是一个艰苦推敲的过程。

二是对待继承什么，舍弃什么的问题，在二者之间我们的路子其实很宽，关键是我们的设计要从大处着眼，从整体上把握而不仅仅是搬弄几个元素符号。对于与现代工艺不相符与现代功能环适用的飞檐斗拱，可以大胆舍弃，因为它们都已是“明日黄花”，必然要“无可奈何花落去”了。而对于那些传统空间的情趣、功能空间组合原理以及景观的运用结合手法等一切具有延续性的“活的传统”，我们在设计中则可以大胆地运用，并非是照搬照抄，而是用现代技术、现代工艺、现代手法加以再创作，使人们感到传统的确在今天的建筑中得到了继承与发展，形式虽变但情韵犹在。

对建筑创作的理解

文 / 申作伟

回首这十几年的建筑创作道路，给自己印象最为深刻的两个字是“真诚”，真诚地理解现实，真诚地创作作品。作为一个临沂本地的设计师，在自己生于斯长于斯的土地上从事设计工作，对社会环境的身临其境，对甲方喜好要求的将心比心，都促使我对设计任务不再是旁观者，而是作为一个局内人去做一个真诚的设计。

创作的全过程中，必须将建筑的环境问题、功能问题、空间问题、造型问题加以综合考虑。创作的过程，也就是建筑师在追求现实中最佳效果的前提下，对以上各项要素进行综合平衡的过程。这具体到某个类型的建筑，又都有不同的侧重点和不同的处理方式，正像纪念性建筑对于造型要素的优先考虑一样，任何一项设计都要优先处理其主要因素。然而就一个地区而言，又有一些要素是具有普遍意义的，对于这些地方性的特点，我们更应有一个真诚的体现，并在所创作的各类建筑中予以真诚地理解，这种真诚心境的结果，才会使建筑具有真切的地方性，而不使建筑流于采摘几个符号的肤浅。

本文发表于《建筑学报》1996 年第五期，第 47~56 页

具体到临沂市而言，有三个方面，地域特色是比较突出的。1. 自然环境的特色强于人文环境的特色，人文环境的特色又强于建筑环境的特色。 沂蒙山区的山形地势极富特色，历史文化名人也有不少，然而临沂的民居或城市并未形成徽州民居或苏州民居那样的特色，统一的建筑风貌尚未形成。2. 人们对于城市建筑日趋重视，而建筑文化素质相对滞后，这突出表现在人们的求新求异意识，对外地的高楼大厦更有一种盲目的模仿心理。3. 建筑项目的高速增长和投资费用的相对紧张。在这样一个中小型城市中，城市的高速发展使基建项目日趋增多，而因受经济条件的制约，大部分项目为中低造价建筑，这也是我们设计中面对最多的项目。

针对以上三个方面的问题，我们在实际工程中作了不同程度的理解与创新，这主要体现在以下几个方面：

一、对于环境的理解，体现环境特色的创作

建筑设计必须从环境出发，它不仅是要为人们创造一个适宜的活动空间，同时还必须作为更大范围的自然环境和人文环境的组成部分，协调统一。我们在创作实践中逐渐意识到：建筑师创作水平的高低和他对于基地环境的敏感度有直接关系，建筑师只有具备了“于平易中识奇绝”的眼光，善于发现看似寻常基地中的那些不寻常的环境要素与物质，并将其作为一种特色在创作中予以表达，因地因时因人因物地进行追求特色的创作，才能真正有所创新。相反如果对于不同的基地均视作千篇一律，那也就只能导致千篇一律的设计，这正如建筑师陈世民先生所言的：因地制宜地组合建筑的平面布局和内外的空间，乃是建筑作品具有特色的前提因素。

古语云：久嗅幽兰而不知其香。本地的建筑师对于本地建筑环境的认识也往往有这样的误区：习以为常

了，麻木了，所以我们在设计中力求避免这种谬误，时常变换一下视角，正如海德格尔所言的“去之而使之近”，以旁观者的身份反而发现许多新奇的东西，并在创作中予以充分表现，常常以此作为整个设计的出发点。

二、对于空间环境体验理解和新空间环境的创作

在这些年的创作实践中，我们坚持认为：设计功能必须优先，从理解功能入手，依据功能分析来建构室内外环境，这是创作全新的室内外环境的有效途径。因为功能需求也是有个性的，即使是同一种功能需求，在不同的地域也有不同的解决方式，而不同的设计者也有不同的解决方式。这种实例在中国各地的不同民居建设中不胜枚举，在实际工程中更是这样。为打破一条走廊的单调感，在室外景观优异的地方可以采用借景手法移步换景，而对于无景可借的地段又可以通过增加走廊本身的迂回曲折和空间变化，建筑本身的目的乃是为了争取能为创造良好的生活和工作环境空间，而在塑造室内空间的同时，应特别注意环境包围空间，空间存在于环境之中，建筑与环境的关系是构成建筑空间的首要因素，借助于外在环境的力量，往往也能大大丰富室内空间，从而达到创造新的室内空间的目的。尤其是在临沂市自然景观相对丰富而建筑用地又相对宽松的地区，我们在创作中更加注意了空间设计中的内外交融和室外空间的室内化，在陶然居大酒店和棉纺厂文化活动中心等工程中，均收到了良好的效果，从而体会到充分注重环境对建筑空间的协调作用，乃是避免建筑创作单调和重复的一条途径。

三、对地方特色的真切理解，塑造地方建筑风格的创作

实践过程中我们常常能听到业主提出这样的要求：“依照某地方某大楼的样子来一个！”这种心境反映了一个经济发展中地区对现代建筑城市的渴望，但同时也反映了人们对于形成本地建筑风格观念的淡薄。作为沂蒙山区成长起来的第一代建筑师，对于形成本地的地方建筑特色更负有不可推卸的责任。

对于临沂市这种建筑文化相对落后的地区，毋须讳言，当地城市面貌和民居中没有明显的特色，所以我们在创作过程中也真切地理解这种现实，同时以一种学习的姿态真诚地去学习外地的和国外的优秀建筑，虽然这些建筑所处的地域环境与我们相去甚远，但我们相信，只要大家都是基于本地条件以真切的理解去创作，那么他们的方法、他们的思路中必然有许多可资我们借鉴的东西。

在学习的同时，我们特别注重在本地区的因地制宜。因为中小地区的中小型建筑绝对不是大城市大型建筑的缩小，甚至中小地区的大型建筑都不应是大城市大型建筑的翻版，它们从本质上说是两类不同的建筑，应当对建筑所处的环境状况有不同的理解，从而也会有建立在这种理解基础上的不同思路、不同手法和不同的创作。

而在创作的过程中，又应特别注意自己的作品首先要形成特色，形成风格，而不应是各自为战、千变万化，这样既对于形成本地的地方建筑风格有推动作用，同时也有利于各自的作品相互对比、相互借鉴、相互提高，从而也有利于自己的建筑风格的产生、发展和完善。

我们相信，一个地区的建筑风格的产生，照搬照抄是学不来的，而只有在真切地理解地区各种现状的前提下，尊重本地区人文传统、立足本地的经济水平和施工技术，才能创造出真正属于本地区的建筑特色。

四、对于创作过程真切理解，力求创新的真诚创作

陈世民先生曾说：“追求新的建筑空间，而不局限于某一种建筑形式或材料技术的应用，应是建筑师对待

每个项目努力的目标。”这些年来，我也正是以这样一种力求创新的姿态来对待自己的每一个设计。

创作和设计不同，设计的目的在于完成一项工程，而创作的过程在于求新求变，有所突破，有所更新，创作除了和设计一样，需要功底和技巧外，更需要的是有思想的深度，这包括对于建筑内在的深刻理解和对于本地状况的真切感受，同时还需要对建筑形象的感受力与塑造力，但首先要求建筑师要有一个创新的意愿。

路易斯·康曾说：“爱学习的意愿，是最最了不起的灵感之一。”那么我们也可以这样说：创新的意愿，是建筑师最为珍贵的灵感。建筑师只有不断创新，方能真正创作出有特色的建筑。

所以我们在创新过程中力求自己在学习别人的同时不模仿别人，不要因袭和重复别人，也不要重复自己，抓住契机不断创新，在做每一个设计的时候，都能拿出属于自己的东西来，哪怕是一点点也好。这正如荀子所言：“不积跬步，无以至千里；不积小流，无以成江河。”在中小型城市搞创作，更不要祈求会在一夜之间做一个全面突破的里程碑设计，应积小成大，逐渐形成风格特色而最终形成体系的建筑风格。

总之，“建筑设计是一项艰苦的创造性工作，不仅是设计者在形式和技巧方面的营造，更重要的是他对文化和社会的深入研究，发掘和提炼，因而是一项严肃的综合过程”(郑川语《时代建筑》1991.2)，在这个过程中，我们最需要的是摒弃肤浅功能和那些学术标签，以一种真诚的态度去理解我们所面对的地域，还有我们所面对的社会和我们所需要的建筑，在这种真切的理解基础之上进行真诚的创作，我们所做的并不一定具有普遍的意义与创作，对于目前中国方兴未艾的中小城市建设而言，是有一定的特殊意义的。

居住区东倚市级干道王羲之文化街，西郊文体中心，北靠商业文化一条街，南有工业区。两大居住小区由一条横贯整个居住区的居住区级干道加强联系，两条南北走向的次级道路纵贯居住区将八大居住组团联系起来，商业性公共建筑集中分布在居住区中心干道两侧，人流货运方便，中小学及幼托分布于居住组团之间，考虑到服务半径的要求方便居民，居住区绿化系统与步行系统结合，形成步行林荫道，同时与中心绿化区连成一体，在贯穿居住区的主干道上形成居住、绿化轴线。

设计人员：李凤兰、康铭东、主　玉、陆海峰
赵　洁、张　磊、杨雪寒、卢英华、
范玉山、郭飞跃、石永强

临沂苑簇园小区规划

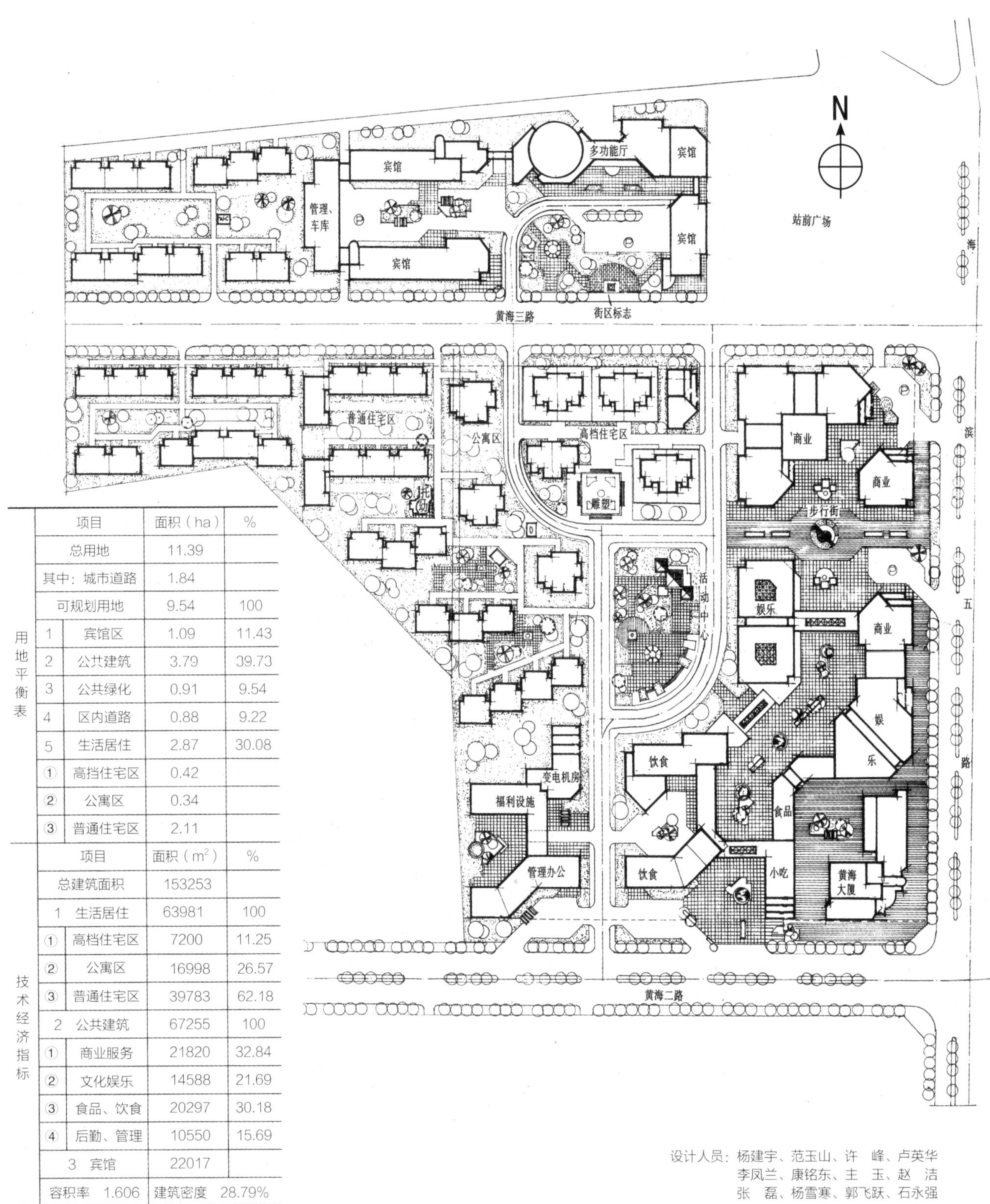

		项目	面积（ha）	%
用地平衡表		总用地	11.39	
		其中：城市道路	1.84	
		可规划用地	9.54	100
	1	宾馆区	1.09	11.43
	2	公共建筑	3.79	39.73
	3	公共绿化	0.91	9.54
	4	区内道路	0.88	9.22
	5	生活居住	2.87	30.08
	①	高挡住宅区	0.42	
	②	公寓区	0.34	
	③	普通住宅区	2.11	
		项目	面积（m^2）	%
技术经济指标		总建筑面积	153253	
	1	生活居住	63981	100
	①	高档住宅区	7200	11.25
	②	公寓区	16998	26.57
	③	普通住宅区	39783	62.18
	2	公共建筑	67255	100
	①	商业服务	21820	32.84
	②	文化娱乐	14588	21.69
	③	食品、饮食	20297	30.18
	④	后勤、管理	10550	15.69
	3	宾馆	22017	
		容积率 1.606	建筑密度 28.79%	

设计人员：杨建宇、范玉山、许　峰、卢英华
李凤兰、康铭东、主　玉、赵　洁
张　磊、杨雪寒、郭飞跃、石永强

日照观海苑综合区规划

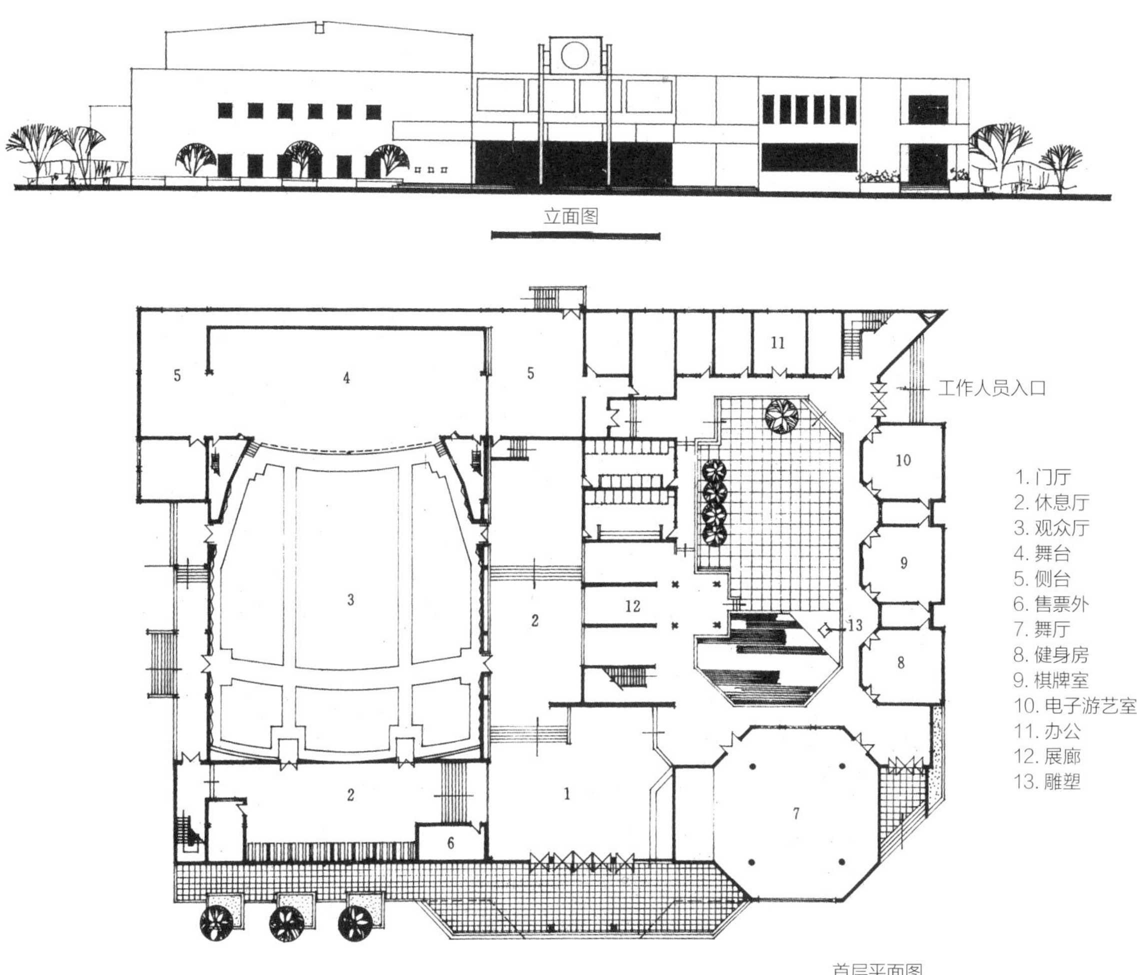

立面图

首层平面图

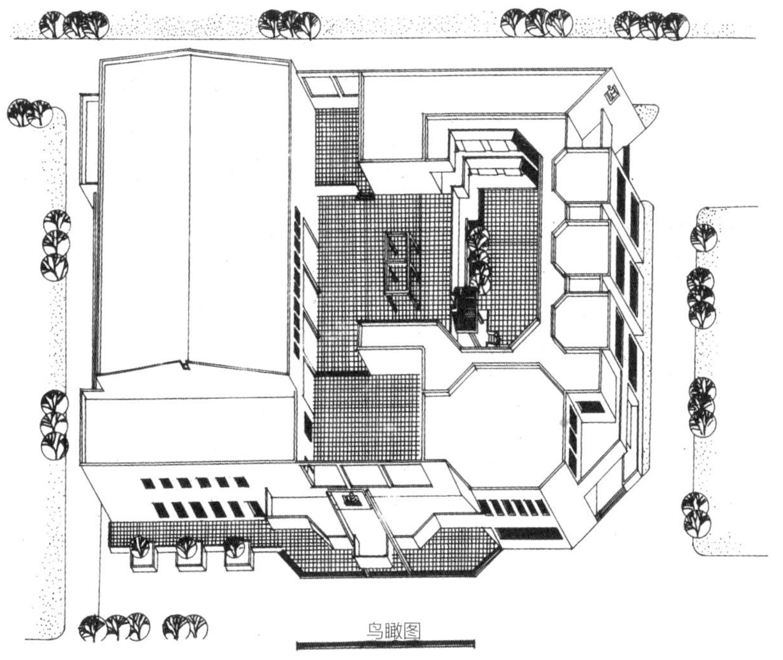

鸟瞰图

棉纺厂文化中心总建筑面积4159.7m²，是一座综合性的文化娱乐中心，内容包括1179座大礼堂、舞厅、游艺室、创作室、阅览室等。1988年初设计，1989年5月建成并投入使用。

设计人员：申作伟、王彦军
杨发忠、董玉柱
张　宇、张怀周
腾　达、庄旭永
吕利群、李海燕

临沂棉纺厂文化中心

临沂地区烟草公司科技培训中心建筑面积18058m²，建筑层数为地下一层，地上19层，建筑高度为75.6m。设有标准客房133套、套房38套、豪华套房一套，并设有大堂酒吧、大宴会厅、风味餐厅、精品商场、卡拉OK舞厅、KTV、桑拿中心、健身房、弹子房、棋牌室、电子游艺室、地下停车场及各种大小会议室等，是一座综合性的科技培训中心。

设计人员：申作伟、赵劲松、冯　炎
周　刚、侯达远、李先瑞
白　岩、周　鹏、程凤霞
邹维晔、黄　晨、尹卓峰

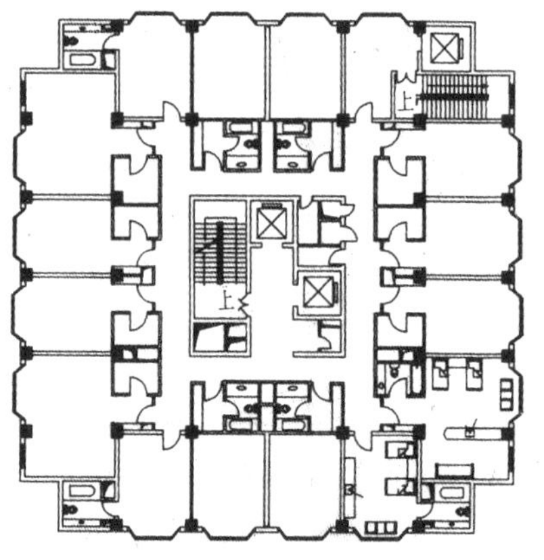

标准层平面

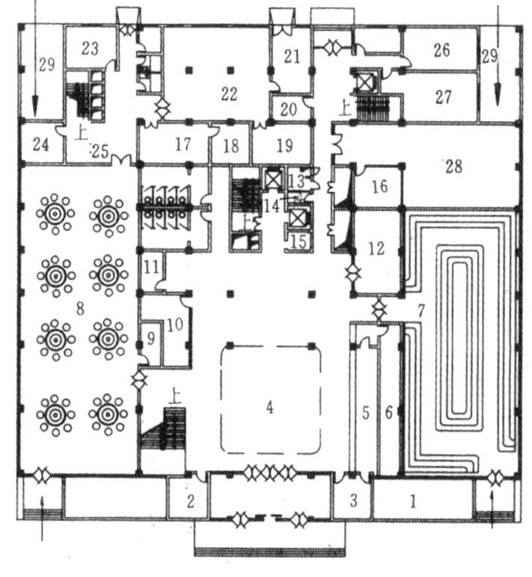

一层平面

1. 水池喷泉 2. 保卫 3. 值班 4. 大堂 5. 总台 6. 行李房 7. 商场 8. 大宴会厅 9. 酒吧 10. 商务中心 11. 加工间 12. 接待 13. 配电间 14. 开水间 15. 弱电间 16. 计算机中心 17. 面点间 18. 面库 19. 冷库 20. 消防控制中心 21. 粗加工 22. 炒菜间 23. 消毒 24. 冷菜 25. 配餐 26. 男更衣 27. 女更衣 28. 财务部 29. 地下室入口

二层平面

1. 中庭上空 2. 咖啡座区 3. 桌球室 4. 电子游艺 5. 麻将 6. 桌球室 7. 健身房 8. 美容厅 9. 中餐厅 10. 风味餐厅 11. 冷菜间 12. 面点间 13. 炒菜间 14. 消毒间 15. 西餐厅 16. 贵宾室 17. 存衣 18. 仓库 19. 休息 20. 酒吧 21. 按摩 22. 更衣 23. 淋浴 24. 蒸房 25. 机房

临沂市烟草公司科技培训中心

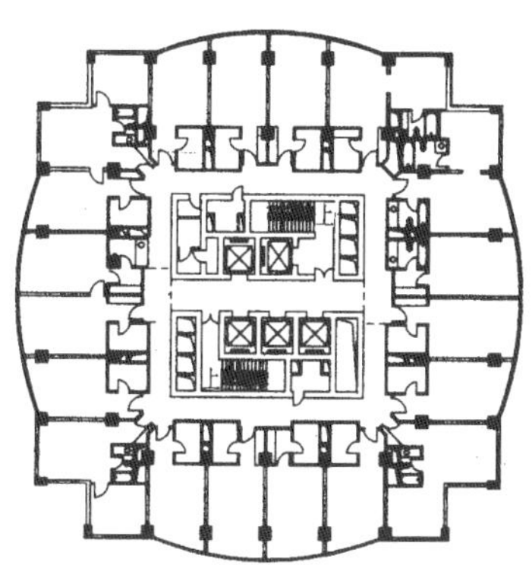

标准层平面图

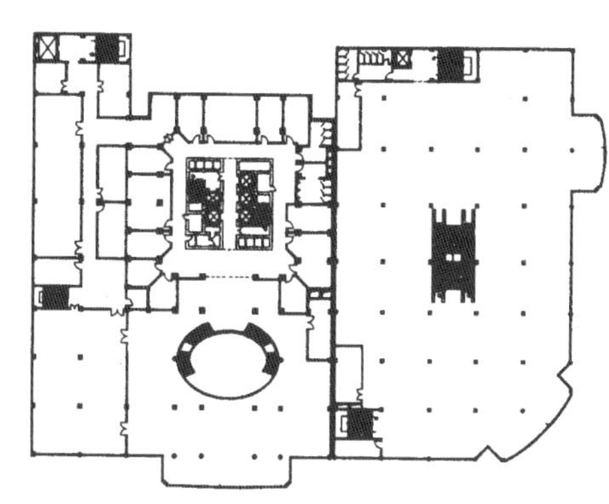

二层平面图

1. 大堂 9. 贵宾室
2. 超级商场 10. 医务中心
3. 总服务台 11. 厕所
4. 空调机房 12. 商务中心
5. 办公 13. 自动扶梯
6. 精品商场 14. 公用电话
7. 消防控制室 15. 计算机中心
8. 电话总机室 16. 地下室入口

首层平面图

临沂国贸大厦，建筑面积 46678m^2，建筑层数为地下一层，地上 31 层，建筑高度 124.5m，内设超级商场、酒店和写字楼。酒店部分设有大小餐厅、旋转餐厅、KTV 包房、健身房、贵宾室、棋牌室、美容厅、按摩室、电子游艺室、桌球室及各种大小会议室等公用设施。共设有标准客房 213 套、套房 82 套、总统套房 1 套，是一座综合性的商业和宾馆服务大厦，具有浓厚的现代化气息。

设计人员：申作伟、冯　炎
戴增国、石永强
纪建东、杨建宇
周　刚、白　岩
周　鹏、庄绪永
杨永焕、李　伟

临沂国贸大厦

日照市国际贸易大厦位于日照市东港区海滨二路西侧，总建筑面积 21860m²，地上 20 层，地下一层，建筑总高 81.6m。工程分南北两部分，南边为一个三星级酒店，北边为超级商城。酒店内设有标准客房、套房、总统间、中西餐厅和种种娱乐用房，是一配套设施齐备，造型严谨别致，功能齐全的高级服务大厦。

设计人员：申作伟、杨建宇、邹维晔、侯大远、张茂林、耿厚花
白　岩、王玉中、赵劲松、郝丽丽、张学功

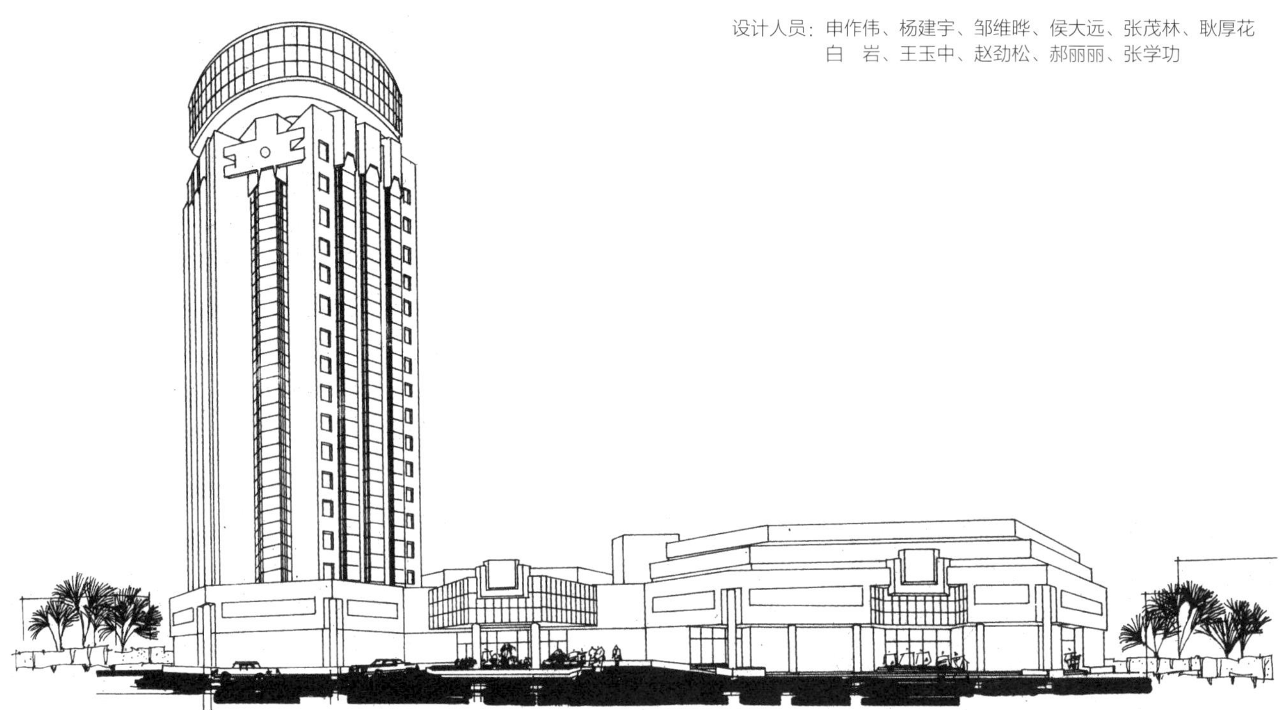

1. 大堂 2. 办公用房 3. 办公室 4. 精品商场 5. 邮电、银行 6. 商务中心 7. 休息厅 8. 大餐厅 9. 库房 10. 厨房 11. 卫生间 12. 电话机房 13. 中央控制室 14. 医疗室 15. 通光大厅 16. 商场 17. 客房 18. 观光电梯

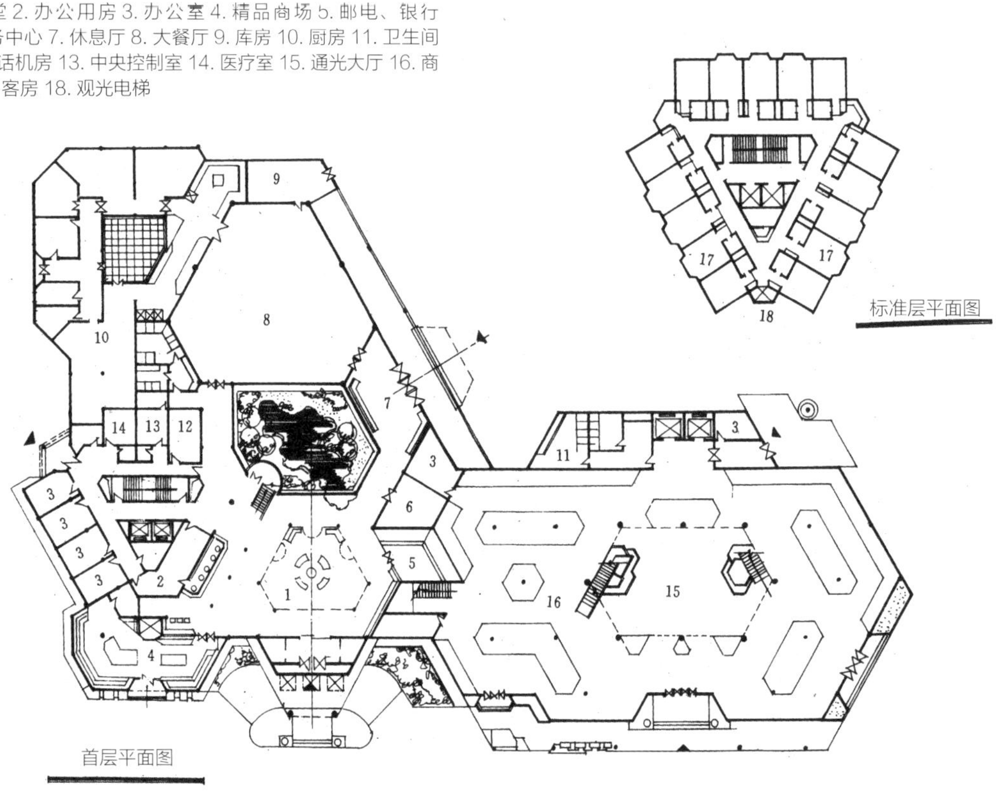

日照国际贸易大厦

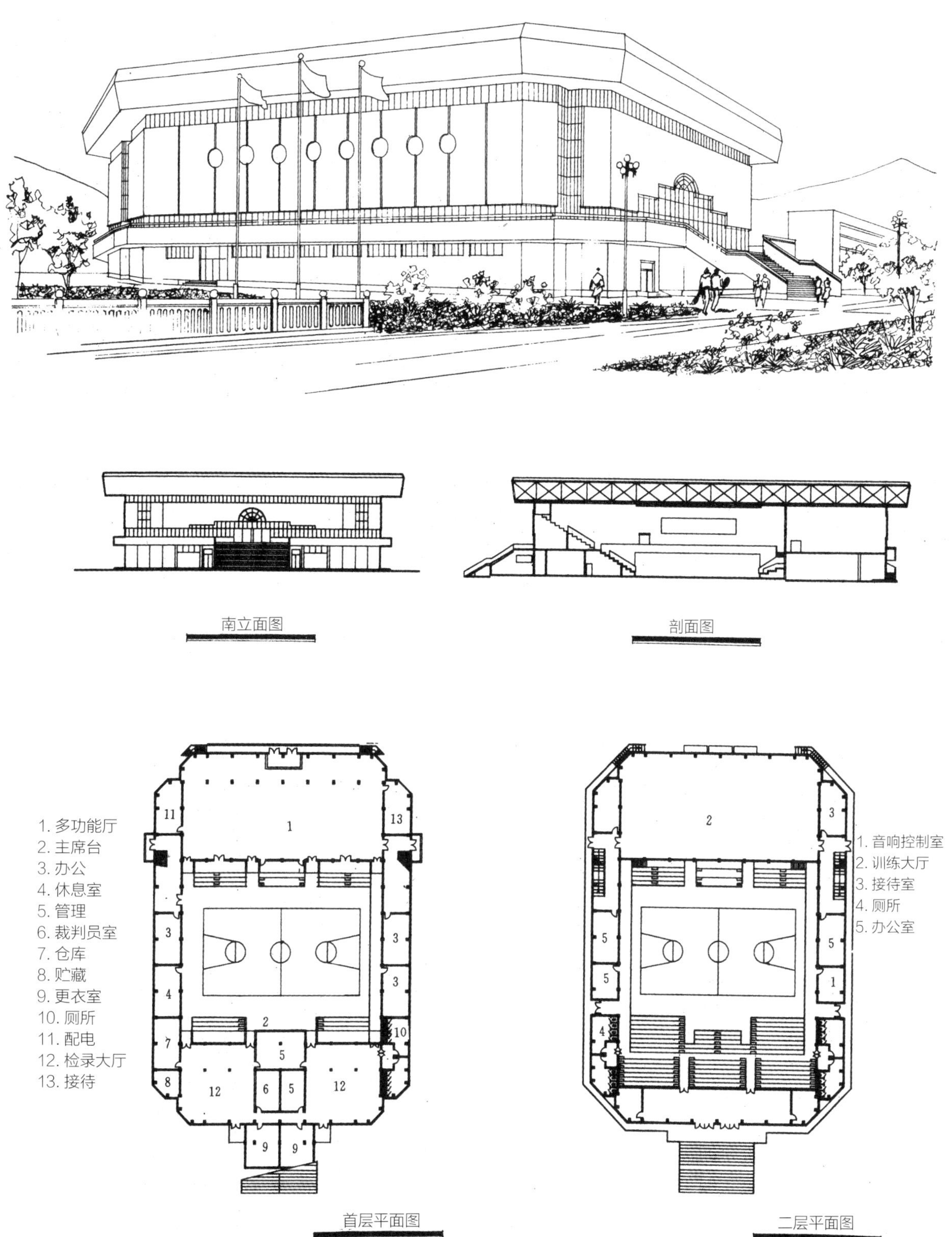

南立面图

剖面图

首层平面图

二层平面图

山东师范大学体育馆面积 5226m^2，观众席设座位 1800 余个，并设有篮球场、多功能厅、检录大厅、训练大厅，以及办公室、接待室、休息室、放映室等，是一座集比赛、训练、放映于一体的综合性的体育比赛训练中心。

设计人员：申作伟、冯　炎、王彦军、李　伟
李凤梅、白　岩、周　鹏、程凤霞
杨永焕、藏德明、姜美云、张士见
马士光

山东师范大学体育馆

日照纺织大厦

日照纺织大厦坐落在日照开发区中心，东临大海。建筑面积 14500m²，共 18 层。是一座以商场、宾馆、办公、娱乐为一体的综合性商厦。其中营业厅面积为 5340m²，78 间标准客房，31 间办公写字间，其余为综合性娱乐部分。

设计人员：王彦军、申作伟、吕效军
陈德湘、李　君、张怀周
纪建东、张茂林、侯大远
王小平

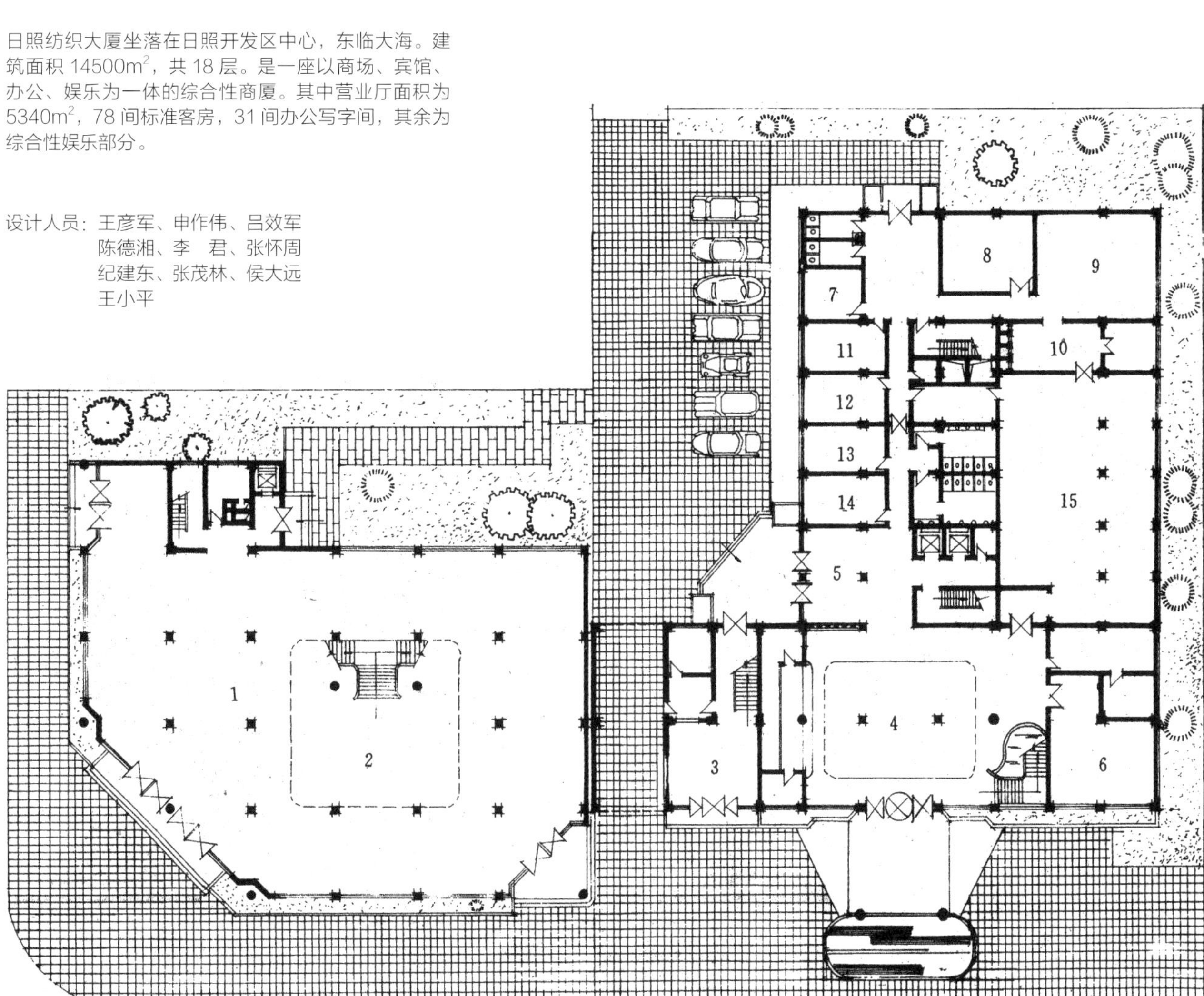

1. 商场营业厅 2. 中庭 3. 办公门厅 4. 大堂 5. 门厅 6. 精品屋 7 仓库 8. 主食间 9. 炒菜间 10. 配餐间 11. 仓库 12. 厨房办公 13. 配电室 14. 经理室 15. 大宴会厅

一层平面图

新型双出入口住宅模式探讨

文 / 于大中　申作伟

21 世纪的住宅建设，将从解决住宅有无问题转向切实提高居住水平，改善居住环境，表现在每户建筑面积增大，分区明确，户外环境高质量；与此同时存在的问题是城市土地资源的进一步匮乏，住宅用地的紧张，迫使城市居住区（包括城市内、城市近、远郊居住区）建设的重要方针之一仍是节约用地。这对建筑师和规划师提出挑战，要求住宅设计在从小面积向中高面积标准过渡中，既节约用地，又创造丰富多变的空间形式。

城市土地的有偿使用，使城市特别是大城市用地紧张，越来越多的大进深住宅被采用，现在已普遍达到 11~12m。

从目前国家试验小区等新建住宅区设计中，节约用地有以下几种方法：加大住宅拼接长度、加大住宅进深、北退台、顶层跃层等。其中，加大住宅进深被普遍采用，60m^2 以上住宅进深普遍达 10m 以上。进深能再扩大吗？能扩大多少米？回答是肯定的，随着每户建筑面积的增加，使更大的住宅进深成为可能。

本文发表于《建筑学报》1997 年第七期，第 36~37 页

通过对别墅住宅及双出入口里弄住宅的分析，我们发现以下特点：

1. 划分了较明显的功能分区

主生活区是主卧室、书房、客卧及卫生间；辅助生活区是厨房、次卧及卫生间。

2. 避免了功能相互穿越

居民分别通过两个出入口进入住宅，脏净分离，食寝分离，避免了大面积住宅使用出入口时的交通穿越现象，使客厅、卧室不受干扰。

3. 有效利用了过渡空间

因为户内交通距离加大，空间安排上多以走道、餐厅、过厅及过渡空间连接各个房间，双出入口住宅则使过渡空间得到充分利用，使客厅、餐厅等成为连接其他功能的中介空间，最大限度减小了穿越。由于户内面积的扩大，每户住宅平面无论在 X 轴或 Y 轴方向的单向延伸，均会产生较长的交通路线。X 轴方向延伸扩大住宅面宽，在保持必须的采光向的基础上，适当在 Y 轴方向延伸，既提高内部空间使用效率，同时加大了进深，在节地方面效果明显。

针对以上分析，我们尝试提出大进深双出入口住宅的设想。其功能关系如流线分析图所示。

主出入口主要作为家人、来访客人的出入。次出入口主要作为家人、家庭保姆携带食物（鸡、鱼、肉、菜）、杂物的入口及垃圾和污物的出口。

为确保家庭居住生活的居住性、舒适性和安全性，保证各行为空间既有合理的空间关系，又有各自的独立性，既联系方便又防止互相穿套与干扰。在尽量保证卧室居住要求的前提下，充分扩大起居空间，扩大厨房、卫生间以保证各种居住行为的使用要求，做到有限面积的合理分配。

使用率较高的起居空间是全家生活的中心，设在南向并开设直接对外的、宽敞的窗（门）口以满足日照和视域要求，双出入口起居厅空间完整、独立，与餐厅既分又连，使用方便。住宅主入口所设门斗是室外到室内的过渡空间，同时也避免了开门时上下楼居民和相邻两户之间的视线干扰。

卧室是全家生活中的私密空间，故设在独立区域，大小卧室搭配合理，每户至少有一个卧室朝阳，卧室门均不直接开向起居厅，而且内部都设置了衣橱等储藏空间。

厨房、卫生间的设计定型化。其布置临近外墙，并有良好的通风、采光。厨房内部操作顺序合理，并设置储藏空间和冰箱的位置，厨房、卫生间集中布置，有利于组织上下水且缩短排水横管。卫生间紧靠卧室，利于临睡前洗浴，早晚用厕、洗脸、化妆等私密性，但其位置又能满足公共空间使用卫生间的方便，双卫生间既能满足人口复杂家庭的使用方便或来客与家人分用，又避免了早上洗漱用厕高峰时的矛盾。卫生间内还设计了洗衣机的位置和洗衣空间，并设计一定的储藏空间。套型内部设计了三表出户（水表、电表、煤气表）并集中安装在管井内，有利于小区的物业管理，方便居民。合理设置阳台，适当加大进深，发挥多功能的作用，并没有储藏空间。

上述双出入口住宅模式是针对世纪之交，我国在住宅政策有较大变革，人民居住标准提高的情况下提出来的。展望 21 世纪住宅的发展，住宅设计趋于舒适化、多样化，并以满足居民多元化的生活方式为设计依据。双出入口住宅必将以其独特的空间组织方式和节地性能成为一种有效的住宅形式。

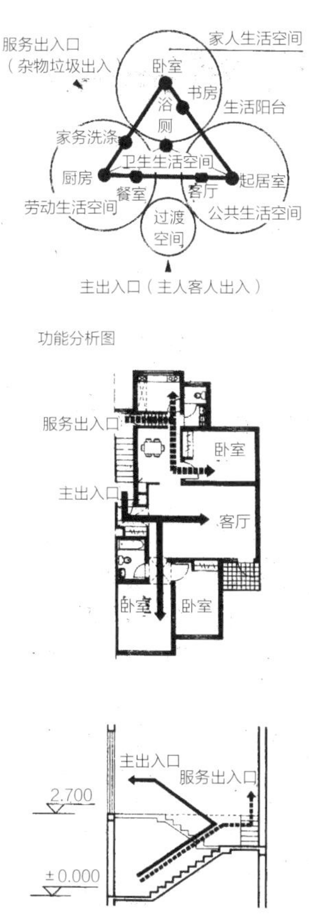

流线分析

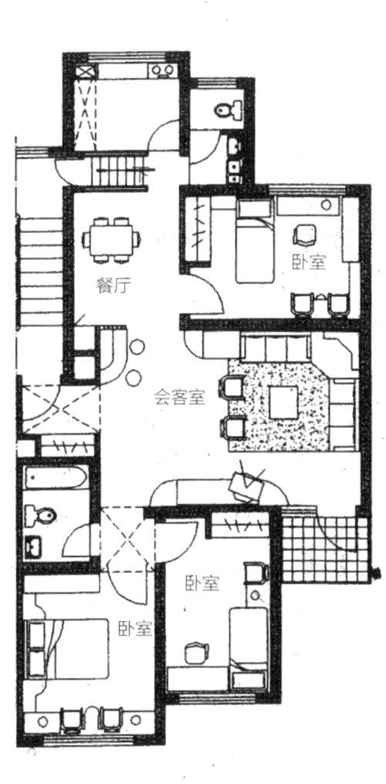

单元平面之一

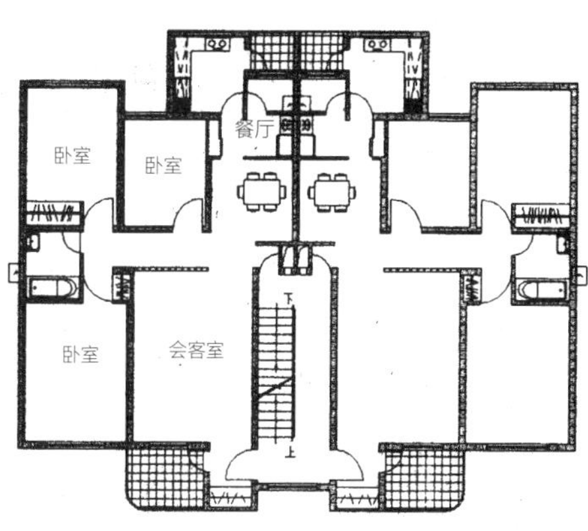

单元平面之二

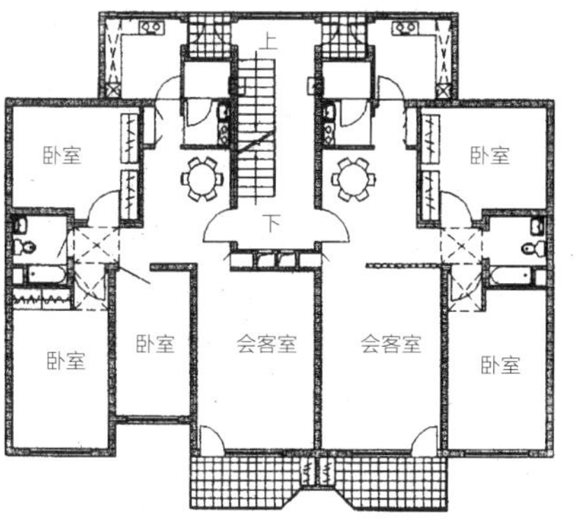

单元平面之三

从"拯救"到"逍遥"

——论路易·康的历史地位

文/申作伟　李娜

如果我们翻开今天的建筑理论杂志，不时会看到一个"反"字，反理性、反功能、反逻辑，以至于"解构"等等，不一而足。如果这时现代主义的开创者们从坟墓中醒来，那么再对照他们的"形式追随功能"信条，他们真会以为：世界是否换了一个?

世界是变了，20世纪50年代以后，社会的要求，便像一只无形的巨手，牵动着建筑师的笔，让他们笔下的建筑一天天地发生着变化，一直变得面目全非。

任何一场变革，总会造就一批英雄，正所谓乱世出英雄，这场变革，姑且我们可以称之为非现代主义倾向的变革，也选中了一个人，他就是那位戴着黑边框眼镜，头发蓬乱的大师——路易·康。

如果说柯布西耶是自己冲到了时代大潮的前头，勇敢地举起了新建筑的大旗的话，那么康这位充满哲人气质的建筑师，则是被动地为时代所选择，当上了费城学派所谓的"精神领袖"，可由于康自身的学术主张，使他在事实上成了反现代主义浪潮的领袖，以至于后人有时称他为后现代之父。对于这一点，在《大乘建筑观》中，台湾建筑学者汉宝德谈到："我于60年代就到美国念书，恰在现代主义作最后挣扎的时候，反现代主义的浪潮，在路易·康的带领和社会文化界的声援之下（尤其是波普艺术与雅各太太的著作）已完全成型，就等着文丘里的最后一击"。正是基于这种原因，日本著名建筑师原广司在他的《怀胎的建筑》一文中谈到建筑历史的发展，到一定时期，就会出现一些里程碑式的建筑和里程碑式的建筑师，正如同马赛公寓与柯布西耶作为现代主义的里程碑一样。路易·康的理查德医学研究大楼和他自己被认为是由现代主义的全盛时期向非现代主义（反现代主义）建筑倾向转化的里程碑。

本文发表于《建筑学报》1998年第二期，第62~64页

那么就让我们来看一看在康的身上究竟发生了哪些关键性的转变。如果抛开那些纯属康本人的转变因素（如对砖拱的偏爱）不谈，而是将康摆在本世纪建筑发展史中，作为一个里程碑来研究，我们就可以看出在康身上的几个历史性的变化。

首先是对形式的重新重视，与第一代大师大谈功能不同，康谈的最多的是形式（Form）。由于受到叔本华唯意志论的影响，康认为，任何一座房屋都有成为什么样子的意志。他认为，由这种先于物质的意志所规划的"样式"（Form）是一种处于建筑师的思想意识而客观存在的。建筑师的职责，在于发现这一"样式"，然后才是设计。他的建筑创作理论强调从"直觉"和"激情"来探寻某种由自然所规定的先天的"形"。认为按使用功能列成表格，写成提纲的设计方法，忽略了建筑艺术中精神功能的重要性，割裂了意识和自然的关系。由康的这些言论中我们可以看出，这种对形式追求的实质是对于建筑本身的追求。

马赛公寓作为"建筑是住人的机器"的具体体现。它的一切都是精确的功能逻辑推演出来的。在它这里功

1　里查德医学研究楼外景

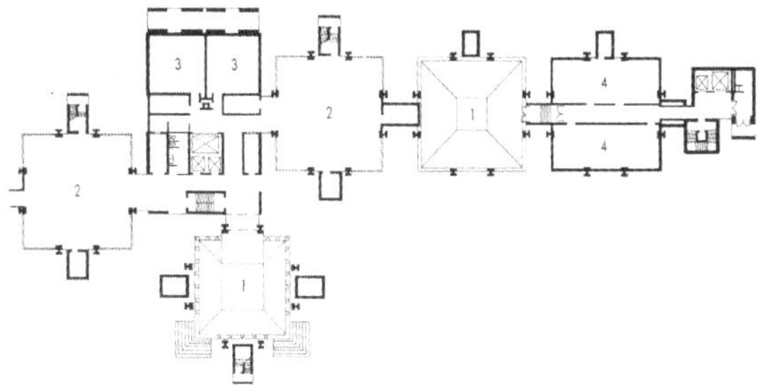

2　里查德医学研究楼首层平面
①入口　②实验室　③储藏　④办公

能是第一，而且除了那压制不住的柯布西耶作为一个画家的才思外，功能也几乎是唯一的要素。换句话说，柯布西耶在这里表现的是为人的原则，一切的追求，都是为了使用者的生活，而建筑只不过是为满足使用者生活需要的一种工具而已。

而在康的理查德的医药大楼中，当然也有对使用者功能上的满足，但这绝不是它成名的原因。它成名的原因在于它“服务”与“被服务”空间划分后所导致的那一幢幢高耸入云的砖塔楼。是这种类似哥特尖塔的效果，为它每年吸引了大量的参观者，深深地打动了像原广司等人那样前来“参拜”的建筑师们。一个个高低错落的塔楼闪现着建筑作为一种造型艺术、空间艺术的感人魅力，它们在炫耀着自己形象的美，而绝非它们作为通风塔的功能逻辑。

也正是由于康把建筑本身作为自己追求的目标；认为建筑是一门艺术，而建筑艺术自身的意志不是他顶礼膜拜和终生探求的目标，所以康不像柯布西耶那样，把眼光关注于眼前的社会变革，去研究“住房或者革命”。同他受的教育有关，他对于那些闪现着建筑艺术的光辉的古典建筑怀有深情。他曾说过“今天，虽然我们生活在现代建筑的园地中，与今日的建筑相比，我感到与往昔这些奇迹般的建筑艺术有着更密切的关系”。这是在康身上所发生的另一个重要转变——与那些与古典建筑宣战的第一代大师不同，康重新尊重历史，并以历史为借鉴进行创作。如果我们今天去看了贝尔电报大楼顶上的断山花，还有文丘里的“米老鼠爱奥尼”柱头，以及所有那些被赫克丝・苔伯尔称为“传统又回来了，但已面目全非”的一切，我们就不难看出，这种在康身上刚刚露出端倪的倾向，对后来建筑变革的意义有多么深远。

历史，作为一个创作构思的源泉，在康的作品中又出现了，无论是理查德医学研究大楼中哥特教堂的影子，还是在拉・霍亚的萨尔克生物研究所所具有的雅典卫城和古罗马广场的光辉，都正像德雷克斯勒在著作中评价的那样，“他向过去开了一扇门，但没有堕入历史复古主义。他似乎把现代建筑拆散之后，再按照他的认识组装一次，使之显得微妙得多。”事实上在康的创作过程中，作为一个参照系，传统始终存在着，供他借鉴，并作为了评判的标准；正像他本人说“我对建筑艺术说，我干得怎样，哥特建筑？我干得怎样，希腊建筑？”正是这个原因，使这位与第一代大师年龄相近的路易・康在现代建筑运动中无所作为。

因为他真正向往的乃是作为建筑艺术的体现的那些古典建筑。所以正如前文所论述的那样，他创作的着力点总是从形式到形制意识的：艺术境界是至上的而功能是次要的。而也正是由于这种对于历史的尊重和形式的重视。历史才选择了路易·康作为由现代主义向非现代主义倾向转化的里程碑。

那么，我们就来分析一下，那种把康推上舞台的无形的力量吧！从社会的需要来看，在康生活时代，房荒问题已基本解决，在几个主要的资本主义国家里住房问题早已不是阻碍社会发展的障碍性因素了。“建筑要么革命”已经避免，正像贝聿铭所说的：“现在让我们别那么紧张，快乐一下，战斗已经胜利了。”这是一场什么战斗呢，看上去是柯布西耶带领着现代建筑同学院派的古典建筑战斗，实质上是建筑的功能因素在同建筑的形象因素战斗，战斗的目标是为了争夺有限的造价。从社会大背景而言，是那些借助于新建筑风格的现代主义建筑师们，用有限的造价造出了符合社会需要的有足够面积的房子，从而打败了那些，将钱多花在无谓的装饰上的古典主义建筑师们。这决不只是什么学派之间的争斗，而主要是一次社会需求的选择。在那个时代，社会需求主要集中于功能方面，所以，历史选择了柯布西耶这样有社会责任感的建筑师。

同样，历史所以选择康，也正是基于这种社会的需要，虽然在现象上表现为费城学派与现代派之争，但是我们必须清醒地认识到：“建筑师固然是以完美的建筑设计为自己的追求，但作为一种职业，进一步说是作为一种谋生手段，建筑师的设计必须而且不得不满足于社会的需要，否则他就只能退出建筑舞台”。柯布西耶的大声呐喊也好，盖里对于鱼的形象的摆弄也罢，在这些形形色色的建筑师的表演背后，都隐含着这样一个最简单的事实——建筑师只是社会的针管笔，通过建筑师，社会反映了它的建筑意愿。学派的争论不能左右社会的这种需求意愿，建筑师只有满足了这种意愿，才能生存，才能创作。而当社会的需求在某个人身上得到最大限度的满足时，它就把这个人捧成了大师。

对于路易·康也不例外。“战斗胜利”后，人们对于建筑的投资不再那么紧张，于是除了功能，还想向建筑师订购着别的什么——美观、历史意味等。而建筑师也从研究功能的理性态度中看到建筑设计失去职业神秘感的危机，而这种职业的神秘感是必须维护的，否则如果变成了像摆功能那种人人都懂,甚至电脑也能干的“大众技能”，建筑师就有失业的危险。所以正如汉宝德所说：“我开始觉得，建筑家要找一个现代社会上不要卑躬屈膝求生存，而能受到社会的尊敬的办法，只有回到西洋古典的观念，承认自己是艺术家，那么就要肯定建筑是造型艺术”。“这已经绕了一个大圈子了。建筑是艺术,是西洋十九世纪学院派的定义。”这里我们不难看出,正是社会对于建筑艺术的定义和建筑师对于艺术方面重新追求的倾向相呼应，才重新提出了形式，也重新唤起了历史——非现代主义的倾向开始了，而那位受到古典建筑艺术教育的现代大师——路易·康也就被推上了历史舞台。

他是被选中而推上去的——他是在自在地表现自我，自在地追求自己想追求的艺术的过程中被选中的，是这种逍遥的境界使他中选了，他并没有过多地考虑。这个社会的发展需求——而柯布西耶则是通过潜心地研究社会发展并千方百计地满足民众的要求而成功的。柯布无论在别人的眼中还是在他自己的眼中，都是一个拯救世人的神。因为那时社会需要这样的拯救，于是那时成功的建筑师：柯布、密斯、阿尔托等都有一种强烈的社会责任感，连那遁世的赖特都提出了一个拯救城市的广亩城计划。

虽然康也作过费城的城市的交通问题的研究，但他那是为了研究城市的意愿，而非为了拯救一个城市的居民。这是着眼点的根本不同——从为了世人的设计走向为了自己心中建筑意愿表达的设计，建筑师的态度从拯救走向了逍遥，而形的重视也罢，历史中的复出也罢，都无非是这种态度的产物而已——建筑的真正主题只是建筑自身（艾森曼语），而不是拯救世人的工具了。因此说，从康开始建筑师的社会责任感开始消退了，从为社会负责的柯布西耶，走向了为建筑艺术负责的康，时至今日，在矶崎新那里“建筑必须从个人开始。而个人主义是建筑的最终源泉了。”

从社会到建筑再到自我，这就是我们这个世纪建筑中所反映的观念的转变。我们今天离拯救愈来愈远，而愈来愈逍遥了。随着奈斯比特所谓的《大趋势》的发展，我们今天的文化，已经变成了一种欢天喜地的娱乐文化，建筑文化已作为一个组成部分而为人们所消费，于是建筑师也就成了演员，将自己的逍遥展示在作品中供人们欣赏。可以说，建筑在 20 世纪上演了两次,两次为整个社会所关注。第一次是剧名叫“拯救”的现代建筑，第二次是剧名叫“逍遥”的后现代建筑。第一次是悲剧而第二次则是喜剧，而作为一个悲剧人物的康，却主演了这喜剧的第一幕，抛去了社会责任感，带领我们从拯救走向逍遥！是康使我们可以“嘻嘻哈哈地跑过现代建筑的荒土地”（詹克斯语），可康却是一本正经地走过去的。

3 萨尔克生物研究所外景

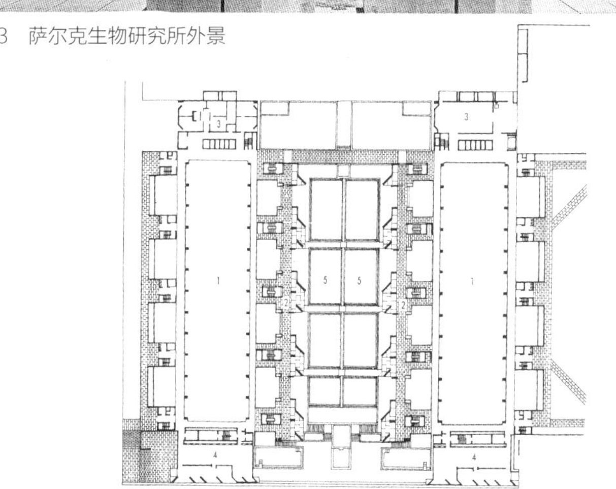

4 萨尔克生物研究所实验楼平面
①实验室 ②敞廊（其上为研究室） ③办公 ④图书馆 ⑤花园

建筑的地域性与建筑设计创作

——山东沂水沂河山庄建筑设计随笔

文 / 申作伟　李娜

一、工程基本情况

沂河山庄坐落于山东省沂水县，是一座三星级酒店。基地占地 50 亩，总建筑面积 16200m^2，东望雪山，西为城市东外环路，南临埠东河，北面为县科技馆；自然环境幽雅。山庄共有 146 套客房，内设大小宴会厅、风味餐厅、保龄球、舞厅、桑拿浴室、各种游艺厅、棋牌室及大小会议室等；室外布置网球场、室外游泳池及近百辆车位的停车场。

二、从地域性寻找建筑风格的切入点

从国际主义的一统天下，到所谓欧陆风的时兴等，说明了建筑趋同的一个侧面。面对新世纪全球化经济及信息化的浪潮，形成了不断增长的建筑趋同性。国际化的巨大压力使建筑师愈来愈感到地域性特征及传统文化对于建筑创作的重要性，文化和地区的因素自然成为建筑的内涵所在。"中国建筑的价值、意义及魅力，并不局限于所谓的传统性及民族性"，我国地域广阔，历史悠久，民族传统不可一概而论。以地域、风土来解释传统或许能揭示出建筑更内在的一些东西。仅仅以传统建筑论，离表达地域性有较大的差别。

本文发表于《建筑学报》2001 年第五期，第 20~22 页

沂蒙山区以革命老区闻名，有着丰富的人文资源及景观资源。鉴于基地的特定环境及背景，我们首先摒弃了一时盛行当地的欧式形象，从布局、形象、装饰、空间、格调等诸多方面结合地理条件、社会文化、经济因素等方面定位建筑方案构思，力争做到创新脱俗。体现在摆脱欧美思想的束缚并同时走出复古、仿古的圈子，真正使建筑"地域化"。同时在布局及空间创造上，既借助传统，又能根据现有经济实力、建设水平，吸取当地文化特色；如以"院"的形式组合内外空间，在建筑形式上体现山水城市的特点。

结合以上分析，本工程从建筑地域性特征出发，不刻意追求空间的形式，但求空间的内容；不求对称，但求均衡，不追求"符号"的使用，而着重于建筑的形体、形象本身所固有的东西；不强调建筑本体，而追求与环境的协调。从而在方案构思阶段指导思想明确，立足于当地实际，追求创新、追求个性。

三、结合场地，推敲建筑形象特征

建筑与场地的关系不仅仅是被动的适应，而且还包含了对场地地理资源再挖潜的意义。建筑不能脱离所处的场地来体验。

本工程特定的环境给我们提出了较高的要求。如何使建筑融入环境，如何利用特有的场地条件来充分表达建筑的特质，是进一步推敲建筑形象特征的基础与前提。一般讲，建筑与环境的关系会出现正反两个结果：一是冲突，二是协调。因此对建筑形象特征的推敲要结合场地环境的理解与利用。场地研究这一层次贯穿于建筑内外空间的连续。随着建筑特征与自然的贴合，建筑被理

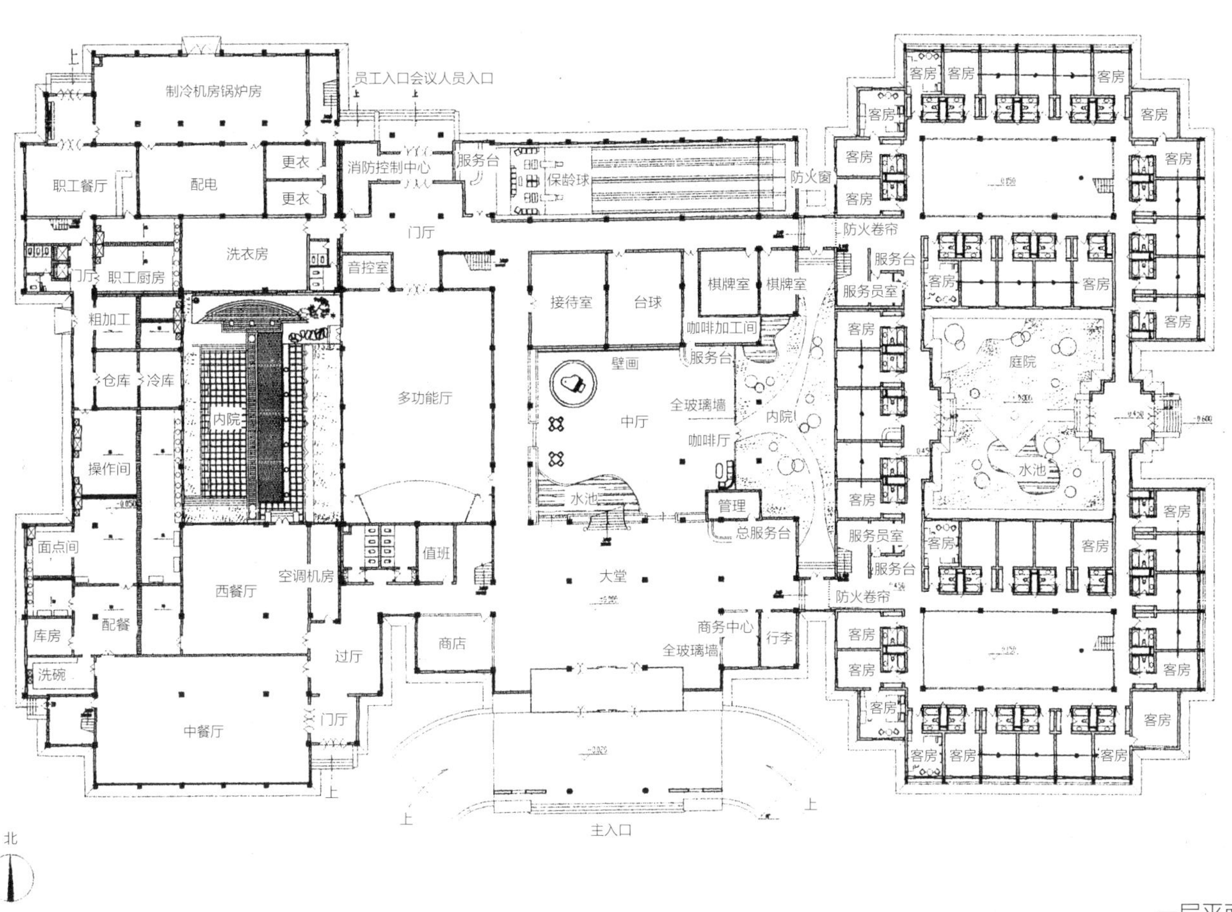

一层平面

解为场地环境的一部分，建筑自身也获得了一个超出自我的形态特征。

1. 场地设计

空间、实体和场地构成了建筑环境。建筑创作中的场地分析应将范围扩大至场地周围相关环境及景观，而不是局限于场地范围之内。本工程我们强调场地各要素与建筑的关系，在交通、停车、入口广场及室外绿化布置等方面仔细推敲，从丰富人的空间体验与感知的角度，使场地给人以深刻的印象。基地南部的埠东河结合东部的树林及雪山景观成为场地景观的重要组成部分，直接影响着主体建筑的定位乃至其形象特征。所以在设计中，结合东部雪山及成片树林，我们把客房部区布置在东部，既有较高的景观又有安静的环境；把餐饮及后勤放在西部，靠近县城的东外环，而山庄前广场结合南面的埠东河及拱桥统一布置，形成优雅开敞的整体环境，成为宾馆的主入口，而后勤及员工入口设在北面，交线互不交叉，有利管理。

2. 形象处理

鉴于建筑东西形体较长，为了适应场地，结合平面将其划分为三段。中段入口处借鉴当地传统屋面形式的“隐喻”，但在立面构图上进行分裂，使其尺度与建筑形体相适应，达到自然和谐，使内外空间隔而不断。主入口雨篷下的两处矮墙则是当地较为常见的影壁形式，只不过将其布置在两侧，成为装饰。屋顶的大型屋架则更多体现了现代与传统的梯度关系，其他屋顶形式均未完全照搬中国古建筑型制，加上建筑外墙面的细部装饰处理，从而使整体建筑形象有一种脱陈出新的感觉。屋面的高低变化及墨绿色彩的运用，与雪山、埠东河及周围绿化形成和谐统一的整体，进一步呼应了山水城市、建筑的立意。

四、研究功能，创造特色建筑空间

一个完善的建筑创作，不仅要满足基本的功能要求，如分区、流线组织以及人们的使用等，而且还要适应功能的变化与发展；也就是说，使功能有覆盖面。更进一步，要结合功能及变化的功能创造新的有特色的空间。建筑功能可以说是人生活方式的一种具体反映；随着人们需求水平的提高，同时满足的可能性也同时提高，新的生活方式应运而生，人们提出对新的空间要求。现代旅馆建筑的发展，要求有足够的文化内容，因而环境的要求较高。我们在设计上首先考虑环境功能，将内部的活动区域与居住部分分离，但同时与室外活动场地建立密切联系。此外，内院引入绿化，使内部空间增强了活力。功能分区，人员分流同样是旅馆建筑的一个特点。本设计东侧为客房区，西侧为餐饮、会议空间，北部布置娱乐空间；入口大厅为公共枢纽空间，布置在中部，联系餐饮、会议、客房及娱乐空间，既分区明确，又联系方便。同时，考虑本旅馆的具体特点，人流分为三种。将人流与物流分离，内部服务人员与客流分离，为每一可能人流分配单独的出入口，以适应酒店的内部管理。

功能与空间的结合上，我们着眼于几个主次枢纽节点的处理，通过门厅、大堂、四季厅等节点使功能与空间得到完美结合。这些节点既是功能的交织点，又是空间的标识点，是空间序列的高潮所在。

特色空间的创造：创造具有内涵的、有特色的建筑空间是每个建筑师的追求，组织良好的空间及其组合是建筑的精华所在。结合以往不同设计中对空间的探索以及对许多优秀作品的借鉴，本设计在两个方面突出了空间的创造：

(1) 入口空间不同于大堂、入口空间是一个室外灰空间，它不同于完全的室外空间。本设计入口设计结合主体建筑造型处理，将大屋面自上而下延展，同时屋顶开透光玻璃天窗，既打破了屋面在立面上的沉重感，又使入口空间亮度恢复自然，增强了室外感。入口处的两处“影壁”又起到围合、封闭的作用。在不影响车辆进

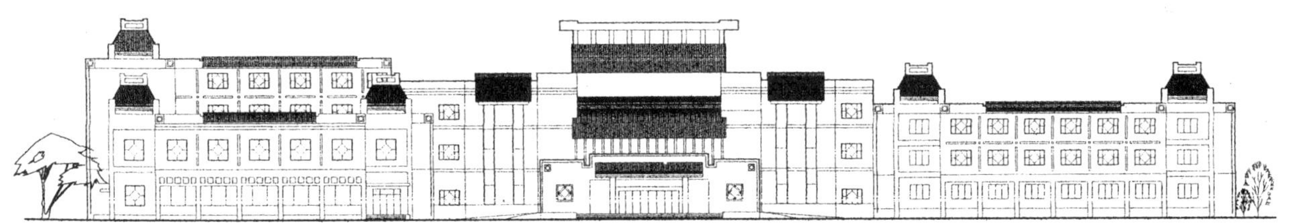

入，人流缓冲前提功能下，赋予了空间内涵。

(2) 中庭空间是旅馆类建筑的核心空间；一般宾馆在其空间体系中多为：公共空间——过渡空间——私密空间三个层次（即大堂——走廊——客房），过渡部分一般为长长的走廊，连接公共空间部分和客房。我们感觉这种做法缺乏一种次级的公共空间，来为宾客提供更为安静、亲切的交往空间。在 20 世纪 90 年代初的临沂陶然居大酒店设计中我们即开始尝试以一种“道”空间形式，在走廊和客房之间增加一种半公共空间——中庭，形成公共空间—过渡空间—交往中庭空间—私密空间四个层次，取得了良好的效果，且出现了步移景异的空间效果。在客房区内，这种半公共的中庭空间的确为宾客提供了一种宜人的交往与休憩空间。

建筑设计中的构思定位是非常重要的一步。在信息化的今天，建筑师面对扑面而来的思潮、风格、形式等，如何把握自己？或许运用地域性来创造建筑的个性给我们以有益的启示。走自己的路，发掘内涵，开拓视野，兼收并蓄，真正让中国建筑走向世界。

优山美地·东韵住宅小区

文 / 申作伟　毕金良　王寿涛　李娜

摘要：通过对北京优山美地·东韵住宅小区项目的介绍，提出了现代中式住宅设计的理念，即通过对中国传统民居建筑的继承与创新，对本土文化的关心与关注，寻求传统文化与现代生活的契点，创造适合中国人居住的建筑形式。

关键词：现代中式住宅，继承，创新

北京优山美地·东韵住宅小区（以下简称“东韵”）位于北京市顺义区后沙峪镇温榆河畔，北邻沙峪环路，南与温榆河为邻，东侧为顺义国际学校，包括联排别墅、双拼别墅、独栋别墅、多层公寓及会所等，总建筑面积 116800m^2，容积率为 0.68。

本项目在设计之初就定位为现代中式住宅，意图通过对中国传统民居建筑的继承与创新，通过对本土文化的关心与关注，寻求传统文化与现代生活的契点，创造适合中国人居住的建筑形式。

本文发表于《建筑学报》2006 年第四期，第 51~55 页

一、关于继承

1. 对中国居民建筑设计思想和理论的继承：中国民居设计思想的最大特点就是其鲜明的地域性以及其对区域地脉、人脉、文脉的重视和对人们居住心理的关怀，根据不同地区的气候条件、历史文化、建筑材料、人们的心理特点及资源等做到因地制宜。北京是我国的首都，是著名的六大古都之一，具有深厚的历史底蕴和内涵。北京民居建筑的主要形式是四合院，它是我国劳动人民经过几千年的生产实践发展演化而成的一种居住建筑形式，是劳动人民智慧的结晶。然而，随着时代的变迁，这种民居形式已经越来越难以适应社会发展的需要：首先，其对土地资源大面积的占用已难以适应现代建筑对节约土地资源方面的要求；其次，其适合中国传统四世同堂大家庭功能空间的设置已难以适应现代居住人群三口之家家庭结构的变化；再次，其严肃的布局和严格的等级秩序已难以适应现代人的心理特点；加上现代生活对设备、设施需求的进一步提高，使得四合院建筑本身和使用者之间产生了诸多难以解决的矛盾。在“东韵”的设计中，我们力图在满足现代人生活方式的基础上，对地方传统民居的特点和优点进行继承，重点放在了对居住理念及文化的继承上面：（1）继承其对亲情及有机交融的邻里空间的尊重；（2）继承其对中国人在居住空间私密性方面要求的尊重；（3）继承其对人与大自然的亲切交流方面的尊重；（4）继承其对居所休闲、放松、安恬舒适的环境气氛营造方面的尊重；（5）继承其对中国人含蓄、内敛、不张扬的性格特点方面的尊重。

2. 对“街坊”的继承：幢幢相连的门楼，亲切的邻里、街坊，每当过年过节，邻里互相拜年祝福，火红的灯笼再加上吉庆的对联，已经成为许多中国人心中对于家的梦想。“东韵”项目较好地利用两排别墅的间距形成了街坊，给居住此间的人们提供了一个交往的空间，大家可以在一起聊天、乘凉、散步、串门，使邻里之间形成了具有较强亲和力的区域社会群体，其独到的乐趣及情趣极大地补偿了当代社会高速度、高节奏对人们情感上的冲击。

3. 对“院落”的继承：庭院是中国民居的灵魂，在中国人的传统中更像是一个大的开放的起居厅，西方住宅以起居室为核心展开布置，而中国传统民居则以院落为中心。虽然随着现代生活的发展，起居室已经在中国人生活中占据了极其重要的位置，但院子的作用丝毫未曾削弱。进入“东韵”业主的大门楼，是一个充满灵性的前庭院，它是入户的前奏空间，使建筑有了一个由室外公共空间进入室内空间的过渡、承接与缓冲。进户主入口设在大门一侧，符合北京传统民居院落中“出入躲闪”的平面关系。利用两排别墅间的日照间距形成的后私家花园，使私密空间得到了进一步的延伸与扩展。丰富的院落空间补充了室内空间的不足，成了人们在家中走进自然，享受阳光的最佳场所。

4. 对中国传统民居建筑造型及色彩元素的继承：“东韵”项目创作中，我们意图通过采用青、灰等北京民居建筑中较常见的清素淡雅的色彩创造一种舒适、休

闲、放松、平和的家居环境。起初，我们选择了灰砖青瓦的立面材料搭配，虽较好地延续了北京民居建筑的特点，但其过于沉重、严肃。后来，我们引入了在南方民居建筑中较常用的大面积留白墙面，约 1/3 白墙和 2/3 灰砖墙面的搭配在建筑立面上形成了较为强烈的对比，改变了传统北京民居给人严肃、压抑的感觉，使其活泼大方，符合现代人的审美观。“东韵”的造型也吸取北方民居建筑的造型元素，如门楼、双坡屋顶、屋脊、门窗楣、木格窗饰、漏窗及灰空间构架等，并运用现代审美观进行了艺术处理、简化、变形，在细部处理上进行了推敲，使其符合现代人的审美观及现代施工工艺。

二、关于创新

人们在创造一种文明同时，对上一个文明的全盘否定肯定是不对的，但墨守成规，拒绝发展与创新，排斥“新陈代谢”，无视时代变迁及社会发展，在中式住宅的设计实践中，企图简单地以传统来对抗现代化的进程，那肯定是一条死胡同。这里所说的“新陈代谢”即发展与创新，在“东韵”的设计中主要体现在以下几个方面。

1. 正视传统的发展：传统是发展的，而不是一成不变的，随着时代的变迁和社会发展，人们的生活方式、家庭结构、审美取向都发生了很大的变化。“东韵”正是在吸收中国民居文化精髓的基础上，对传统中式住宅中不适合时代要求的地方进行了改良，按照现代人的生活习惯重新进行了功能布局，强调了起居室在日常生活中的重要性。在独栋别墅中，起居室做成两层通高，提高了居住品质，创造了较为丰富的室内空间；在双拼和联排别墅中，起居室地面下降 0.45m，使其和其他生活场所之间有了一个空间上的划分，同时使起居空间变得高大、宽敞。此外，“东韵”项目还增加了影视厅、家庭厅、健身厅等顺应现代人生活方式的空间。利用每户院子内外的高差，布置半地下汽车库，汽车从街道入库后人员可通过防火门直接进入室内，满足了现代人的生活习惯及心理需求。

2. 规划理念的创新：考虑到传统的四合院形式对土地资源大面积的占用已难以适应现代建筑对节地方面的要求，“东韵”在设计中采用了紧凑的前后排共用一条道路的街坊式布局，并用自然的曲线道路加以组织，满足了车辆通而不畅、曲径通幽的要求。每个支路都做成尽端式，减少了交通的交叉干扰，创造了安逸静谧的居住空间。小区中间横贯南北设置中心绿化及步行景观带，为居民提供了一个休闲、活动场所。主入口大门的南侧设置了小区会所，为整个小区的居民生活提供了便利。

3. 材料创新：建筑形态的发展和科技的进步密不可分，随着现代施工工艺的进步和材料科学的发展，不断涌现的新材料在中式住宅中的运用会越来越广泛，也必将成为一种趋势。“东韵”项目中，内外墙体均采用煤矸石多孔砖墙；在建筑中大量运用的玻璃栏板及铝合金装饰构件和灰砖白墙形成了强烈的质感对比，做到了材料创新，符合现代人的审美观，赋予了中式建筑新的生命力和时代感。“东韵”的院墙采用玻璃及金属格栅和实体砖墙的有机搭配，创造出了虚中有实、朴实雅致、内外通透的独特空间。

4. 环保节能及对土地资源的合理利用：中国人口众多，人均资源占有量很少，环保、节能与节约土地已经受到整个社会的普遍重视，成了关系国计民生的大事。“东韵”项目中，中水系统的采用，使用户产生的污水经过除渣、沉淀、消毒等工艺流程的处理后，作为景观河道、水景水源及绿化水源的补充，实现了废、污水资源化；煤矸石多孔砖墙的采用，有利于节约资源和保护环境；50mm 厚挤塑聚苯乙烯外墙保温板及铝合金断热型材中空玻璃外门窗的采用有利于保温节能。此外，本项目纯联排别墅部分达到了 0.8 的较高容积率，这对于低层高密度中高档住宅项目的推广起到一定的示范作用。

“东韵”项目是设计师在中式建筑寻求突破方面所做的有益尝试，在整个创作过程中给我们感受最深的就是继承与创新两者之间“度”的把握，继承太多、创新太少就有可能变成复古，继承太少、创新太多就有可能失去中式风格，我们的体会是一定要创新，要新而中，这才是现代中式住宅的发展之路。我们坚信，在深厚的中国文化背景下，中式建筑设计的路子会越来越宽。

临沂大学图书馆绿色设计探讨

文 / 申作伟　肖艳萍　李娜

摘要：结合临沂大学图书馆设计实践，探讨绿色设计在建筑创作中的运用，在保证建筑功能性和艺术性的同时，注重可持续性设计，尽可能减少对资源的消耗，与自然和谐共生。

关键词：绿色设计，绿色技术，可持续发展生态校园，因地制宜

1. 项目概况

临沂大学图书馆位于校园入口中轴线的景观大道尽端，北面为低矮的自然山丘，南面面向校园入口广场，建筑平面沿袭了校园的中轴线设计，呈左右对称的集中式布局。图书馆体量庞大，功能复杂，是校园里位置最重要的主景观建筑，建筑面积约 6.5 万 m^2，共 7 层，图书馆设计藏书量 400 万册，设计阅览座位 7200 个，4 个密集书库，并设有档案馆、自习室、休闲餐饮中心、书店等。

2. 与绿色设计相结合的创作思路

图书馆内书库及档案库严格的温度湿度要求、阅览室高标准照度要求，以及庞大的设计规模，注定了其在建造和使用过程均会消耗巨大的能源，同时对周边环境也会带来很大的影响。如何使图书馆巨大的体量有机融入优美的校园环境，如何有效节约图书馆使用过程中的运行成本，是建筑师在创作中重点考虑的问题。由此确定了以绿色生态、可持续发展为目标的创作思路，在保证建筑功能性和艺术性的同时，尽可能减少对资源的消耗，获取最大限度地节约。

本文发表于《建筑学报》2011 年第九期，第 26~28 页

2.1　服从生态校园的总体规划理念

临沂大学地形近似于低山丘陵，高低起伏，山清水

校园总图

秀，环境优美宜人，充分体现“校园与山水环抱与自然共生”的生态校园规划理念。总体布局采用集中式布局，以期尽可能减少土地占用，并有效控制体形系数。建筑的朝向考虑临沂地区所处的气候区的节能设计要点：冬季防防寒保温，适当考虑夏季通风隔热，建筑布局选择有利的南北向布置，主要房间避免夏季西向日晒，可以减少太阳辐射影响，利于冬季日照并避开冬季主导风向，利于夏季自然通风、组织穿堂风，减少采暖、空调的使用时间，从而达到降低能耗的目的。

2.2 建筑即景观

建筑与自然和谐相处，其根本原则是因地制宜。为了顺应校园高低起伏的地势和功能需求，我们将图书馆设计为形似山体的集中式建筑。建筑周边逐层退台，局部出挑，层叠错落，逐渐向中部升起，犹如山体般自然生长。图书馆以单纯而明确的“山”的形象与高低起伏的校园融为一体，实现了建筑与自然的和谐相处。建筑四周轮廓起伏舒展，与低山丘陵的校园环境有机对话，化解了巨大体量所带来的压迫感，减轻了对周围环境的压力，降低了对周边建筑采光和通风的不利影响。

人工的建筑占用了自然土地，就必须进行相应的生态补偿，才能做到与自然和谐相处。图书馆大量的屋面设计为种植屋面，形成阶梯状的屋顶花园，一直延伸至地面与校园绿化融为一体，体现建筑与自然和谐共处的生态校园的设计理念。同时，提供大量公共活动、交往、休憩的空间。

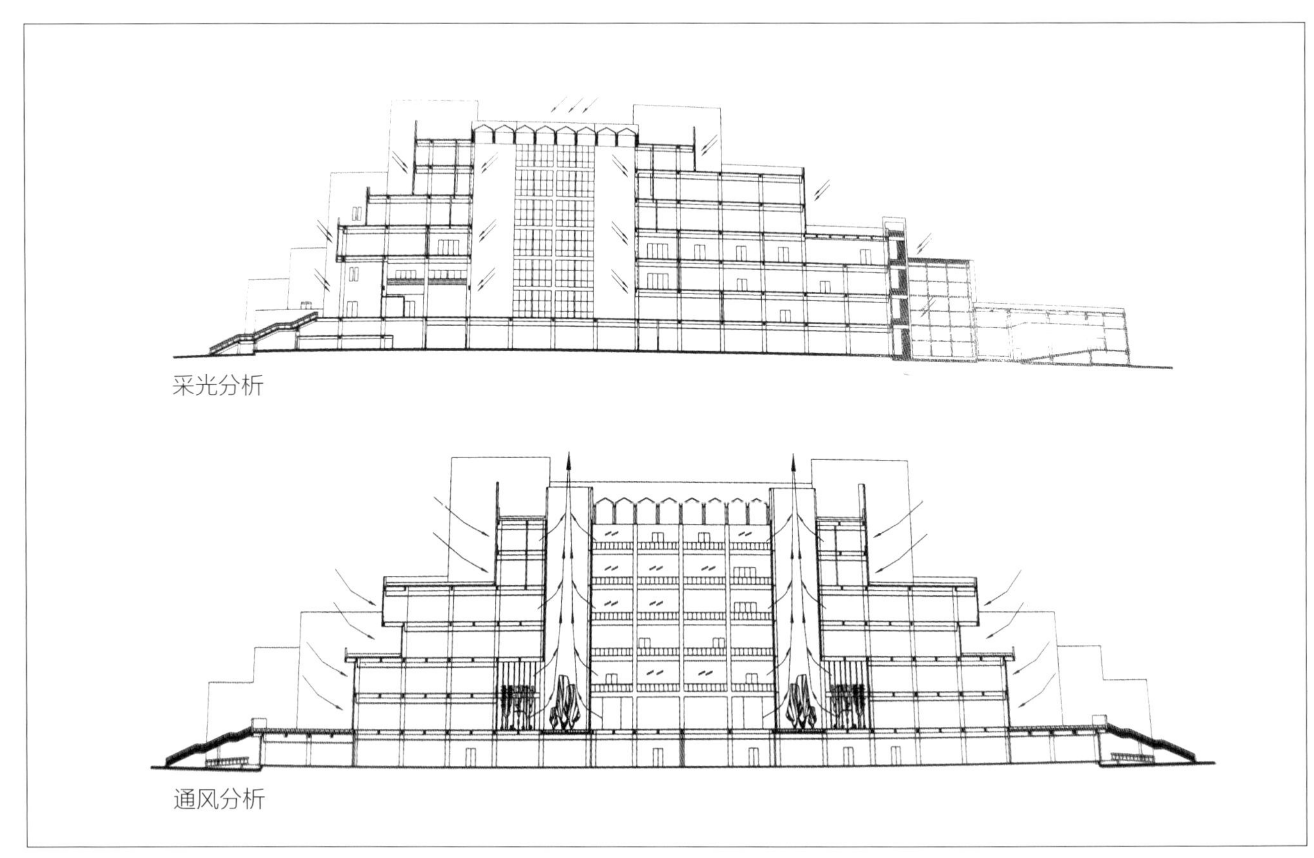

采光分析

通风分析

2.3　可持续性发展的功能设计

1）采用方形集中式平面，同类房间集中布置，围绕中庭设置环形通道，竖向交通、设备机房等服务用房设于通道内侧中庭四角，阅览、书库等主要功能房间设于通道外围，流线简洁高效，分区明确，利于形成连续的大空间，以方便将来的灵活分隔及组合。

开架阅览室均设计为独立的大空间，内部用书架和家具进行分隔，灵活界定空间，整体上减少隔墙的使用，提高了空间利用率，减轻了结构荷载，节约造价。功能房间和服务用房分区集中设置，可以有效减少采暖空调房间和非采暖空调房间之间的热量交换，降低能耗，同时利于设备电气的综合布线，减少传递过程的热量损失，达到节能目的。

2）设计中采用同柱网，同层高，同荷载的概念，柱网采用 7.5m × 7.5m，层高均为 5.4m，满足藏—借—阅—管各部分功能互换和面积变化的需求，消除了后期改造对结构的不利影响，为将来的设备更新留有足够的空间。

2.4　采光通风设计

设计将采光中庭置于平面中心，公共空间、阅览空间依次环绕布置，阅览空间面向中庭设计落地玻璃隔墙，中庭两侧设计绿化小庭院，图书馆内部空间开放通透、交汇融合、绿意盎然。主要功能房间占据建筑四周的有利条件，争取大量自然采光和通风，还可以通过落地玻璃隔墙从中庭间接采光。每层的公共活动空间环绕中庭，充分利用中庭自然采光，减少白天对人工照明的依赖，不仅避免白天对工作场所提供人造光源，节约了能源，而且可以提高建筑的品质，改善阅读环境。

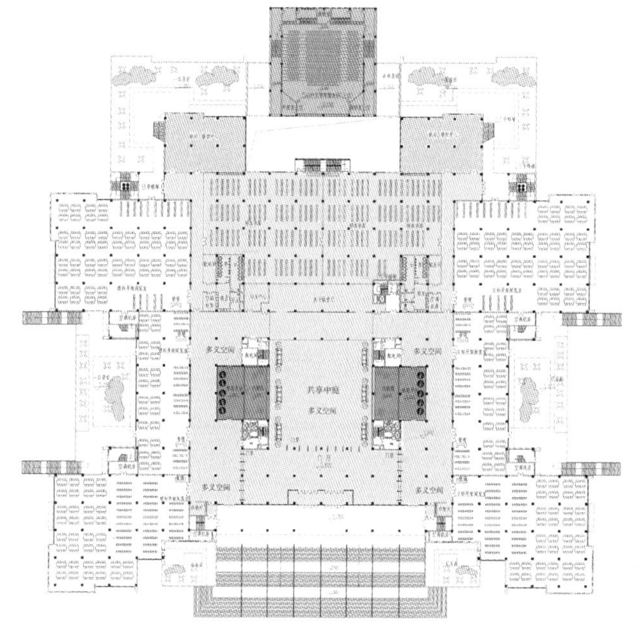

值得一提的是，共享中庭的东西两侧的两个绿化小庭院，庭院顶部与室外相通，底部 2 层扩大，并搭配种植竹子及常绿植物，改善室内小气候。2 个绿化小庭院不仅发挥了极大的景观作用，还因为自身所具有的“烟囱效应”而在建筑内部形成拔风效果，使建筑中心的空气自然流通，为建筑内部提供健康清新的自然风和自然光，成功地解决了大体量建筑的通风采光缺陷。同时，室内外空气的循环流动还能有效地冷却建筑内部，在夏天可以利用夜间通风冷却围护结构，有效降低第 2 天的空调冷负荷，大大减少了空调运行时间，起到明显的节能作用。

3 绿色节能技术

3.1 建筑节能技术

1）外墙。图书馆的平面集中紧凑，外观方正简洁，最大限度地控制体形系数，体形系数仅为 0.085。建筑外墙采用轻质、隔音、环保、隔热性能优良的蒸压加气混凝土砌块，厚度为 250（300）mm，外侧满贴 60mm 厚 EPS 聚苯板，平均传热系数为 0.403W/m^2·K，远低于当地限值 0.6W/m^2·K，大大降低了采暖能耗。

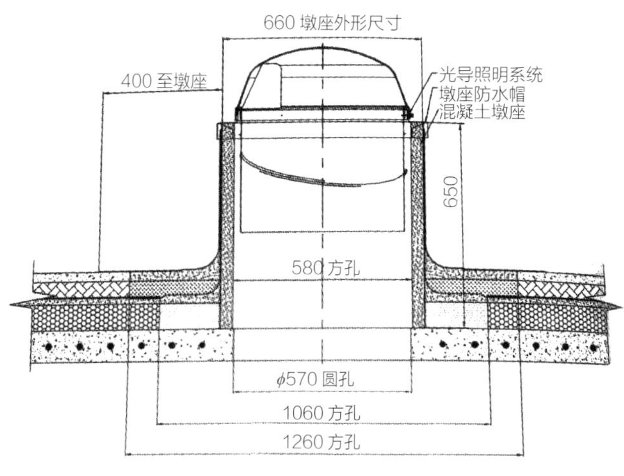

光导照明节点

2）外窗。图书馆里立面以实墙为主，局部穿插设

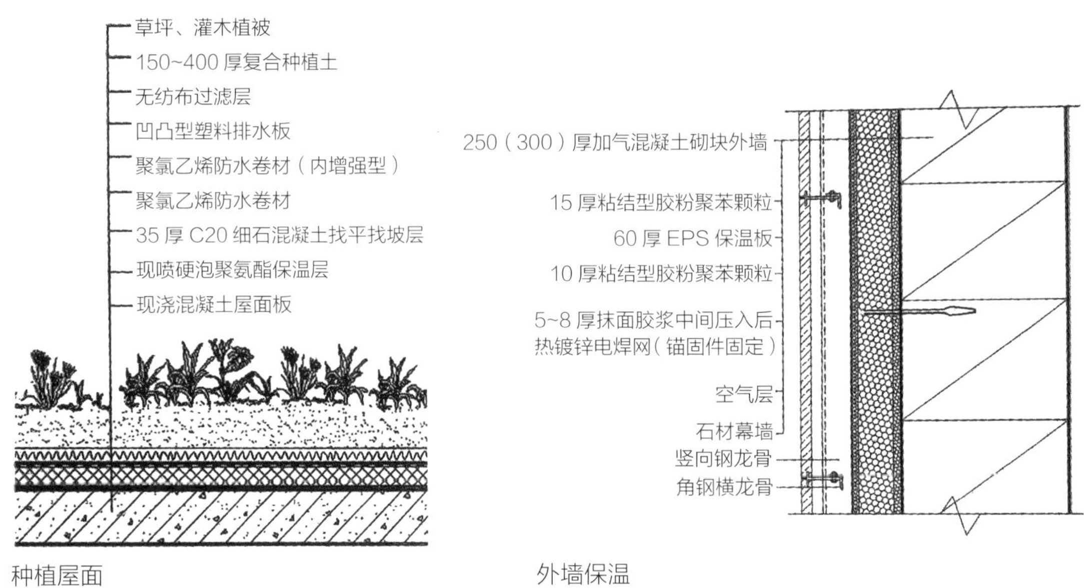

种植屋面　　外墙保温

计玻璃幕墙，在满足主要功能房间窗地比情况下，尽量减少外墙开窗，以便达到高效的生态标准。各朝向外窗均采用断热铝型材 Low-E 氩气无色中空玻璃，传热系数 1.58W/m^2·K。冬天可以阻挡室内的热辐射发散到室外，夏天可以有效地阻挡太阳热辐射，达到节能的目的。

3）南向、东向、西向外窗采用电动智能铝合金遮阳卷帘，可以根据时间、太阳光线的强弱进行自动调节，以达到遮阳和采光的最佳效果，大大节省用于制冷、制热的能耗，还可以有效地调节光线。

4）种植屋面。种植屋面采用 100mm 厚现喷硬泡聚氨酯保温屋面，复合种植土厚度 150mm~400mm，传热系数 0.41W/m^2·K。屋面搭配种植草皮及低矮灌木，既对土地占用进行补偿，又可以减少屋顶太阳能辐射，达到节能的效果。复合种植土质轻，所需厚度小，既减轻了结构负担，又成为屋面雨水的天然净化层，降低了雨水回收系统的净化压力。

5）装修一体化设计。图书馆的各专业设计与内外装修设计紧密结合，实现了土建和装修一体化设计施工，不破坏和拆除已有构件，保证了结构安全，避免了材料浪费和垃圾产生。

6）绿化设计。采用生态绿地、屋顶绿化、室内绿化等多样化的绿化方式，构成多层次的复合生态结构，起到改善气候环境、遮阳、降低能耗的作用。合理配置绿地，采用乔木、灌木、草皮相结合的复层绿化，种植乡土植物，种植少维护、耐候性强的植物，减少日常维护的费用，绿化灌溉则采用渗灌等高效节水灌溉方式，以保持水土、调节气候、降低污染、隔绝噪音和节约用水。

3.2　节水措施

本工程根据国家规范规定进行了给排水系统设计并选用节水洁具，除此之外，还采取如下节水措施。

1）中水利用。将生活污水经化粪池初步处理后进入中水站进行深度处理达到生活杂用水水质标准，回用到建筑公厕，用于卫生间冲洗、绿化、喷泉、冲洗道路等用途，实现污水资源化，达到节水节能的目的。

2）雨水收集、回渗。本项目屋面面积庞大，雨水经层层过滤后有组织地排入室外雨水沟和地面雨水汇合，排至附近绿地，可灌溉绿地并且补充地下水资源，起到节水的作用。建筑周边广场的设计，采用硬质铺地与景观绿化相结合的原则，大量采用透水砖、植草砖，增加天然降水的地下渗透能力，减轻排水系统的负担，及时有效地补充地下水量，有助于维持整个校园的生态环境。

3.3　采暖空调节能技术

1）冷热水系统的水泵采用轴冷节能产品；2）末端风机盘管、空气处理机组设动态平衡电动两通阀（EDTV），可以平衡系统阻力及控制房间温度，达到节能的目的。所有房间均设置温度控制器，独立控制房间的温度；3）新风系统采用可控式热回收机组补充新风，热回收效率不低于60%，降低了新风负荷。所有风机盘管均带下回风箱，采用室内回风。

3.4　电气节能技术

1）通过采用低耗能设备或采用节能装置，降低电能消耗采用的技术如下：提高变压器负荷率，当变压器负荷率较低时轮换使用变压器；有季节性负荷（空调负荷）时，春秋季节可切除，减少变压器的空载损耗。选择高效节能变压器，变压器采用SCRB10型非晶合金干式变压器器，节能效果显著，空载损耗为常规干变的25%~35%。调整三相负荷使其尽可能平衡。将耗能大的设备改为节能设备及技术。采用高效光源，大面积照明采用高效节能荧光灯，高大空间采用大功率金卤灯。将电感式镇流器改为电子式镇流器。

2）新能源利用：庭院照明选用太阳能路灯和太阳能庭院灯，灯具自带蓄电池，可连续工作7~8个阴雨天，无需铺设地下电缆；采用太阳能路灯和太阳能庭院灯不仅节省用电，还可以节省管线，灯具布置灵活。

3）光导技术应用：部分屋面设计管道式日光照明装置，将日光直接引入室内，弥补大进深房间的采光缺陷，尽可能利用自然光，减少白天人工照明。在管道内安装电灯附加组件，利用太阳能蓄电池发电，通过日光调节器，晚上地面的光罩可以作为屋面草坪灯使用。

绿色建筑设计的探索

——三星级绿色建筑“龙奥金座”设计

文 / 申作伟　李玉珂

摘要：龙奥金座项目是对绿色建筑设计的探索，通过对建筑平面、空间布局及朝向分析，对节能材料、节能措施及新技术的应用，使建筑达到经济效益、社会效益和环境效益的统一。

关键词：绿色建筑，“品”字形布局，建筑节能，龙奥金座

在社会工业大发展的今天，建筑能耗约占全社会总能耗的 30%，而如果将建材生产过程中耗掉的能源也计算进来，这一比例将增加到约 50%。作为建筑师，落实到实际工作，需要在建筑设计的过程中从方案、施工、运营各阶段运用绿色建筑的设计理念，进行设计深化。并且需要设计相关的各个专业、业主、施工单位、建材供应厂商通力协作。在前期方案设计阶段、因地制宜，结合周边气候、环境、地址、高差等因素进行统筹对待；中期施工图设计阶段，结合建筑的经济分析，在建筑材料、节能技术择优选用；后期工程投入使用之后，更应继续对建筑实际使用情况、能源供应系统运行情况进行评测、追踪，以便能够达到预期的节能效果，使整个建筑真正实现低耗能。

本文发表于《建筑学报》2015 年第四期，第 98~100 页

龙奥金座项目是按照三星级绿色节能标准设计的高层办公建筑，已获得国家三星级绿色建筑设计标示，该项目位于济南市高新区，奥体中心东侧，北靠经十东路，西邻济南奥体中心，地理位置优越，所属地块为高新区奥体文博片区商业金融用地，基地在未平整前为陡坡山地，场地极不规则，经开山采石后已基本废弃，基地基本无植被，经平整改造后，场地南北高差 7 米左右，周边环境状况良好。项目主楼为 3 个塔楼，呈“品”字形布置。主楼距离北侧经十东路 75 米，且存在 8 米高差。

1. 建筑空间布局的思索

1）入口错层设计

根据场地南高北低，利用高差，将北侧将出入口设在 1 层，南侧入口位于 2 层，由于基地都是岩石基础，因此减少了大量土方开挖，节省了成本。此外，南北出入口分层设置，既避免了南北向人流汇合带来的不利，又丰富了建筑的空间立面。而北向为人流主入口，南向

为车行主入口，这样做流线清晰，减小了相互干扰，提高了通行效率。

2）“品”字形布局及朝向分析

设计采用“品”字形的塔楼空间布局，避免了人流的过分集中，3 个核心既通过裙房统一在一起，又可以独自运作，干扰较小。

此外，“品”字形的塔楼布置在夏季能够增强建筑前后风压，有利于自然通风，而在冬季则可以减弱建筑前后风压，减少门窗空气渗透，通过对建设场地最佳朝向分析，从全年建筑能耗最优化分析确定，建筑朝向南偏西 13°，处于最佳朝向范围内，冬季能够获得足够的日照。这种“品”字形布局也避免了 3 个主体塔楼之间视线的相互干扰。

（3）平面布局

裙房南向设计为 3 层，北向为 4 层且进深较大，为解决靠中间部分房间的采光通风问题。在塔楼之间，裙房内设置内庭院，既可以大大减少暗房间带来的采光通风引起的能源浪费，又提升了裙房办公房间的使用品质和舒适度。

办公空间采用开放式布局，室内采用方便拆卸的灵活隔断，减少二次装修时的材料浪费和垃圾产生。

（4）空间布局

塔楼部分的 8~9 层、11~12 层、15~16 层、18~19 层分南北向交错设置了两层高的生态中庭，既改善了塔楼中局部楼层的通风效果，又可为楼内办公人员提供休闲、放松的场所，为压抑的封闭空间与室外形成了空间的过渡。将山体及周围环境的绿色引入室内，可提升工作人员的精神状态和工作效率，这也是绿色建筑设计需要注重的一个方面。这样的空间布局方式虽然牺牲了部分建设面积，但为员工创造了理想化的工作环境。

为使建筑能耗降低，办公主楼的层高最终确定为 3.8m，平面采用近似“方形”的矩形布置，减少凹凸，使建筑在满足使用功能要求的同时，尽可能减小外墙外表面的面积，能有效减少能量的渗透损失。外立面减少采用玻璃幕墙也是基于这方面的考虑。

裙房屋面及塔楼屋面均设计屋顶绿化，有效减少屋顶能量损耗和热辐射带来的影响，并且能达到在局部环境内保持水土，调节气候，降低污染和隔绝噪音的目的。

2. 节能保温措施

设计在墙体材料，窗户的选择，保温材料的选用及各专业自身的优化以及新技术的采用上都下了不小的功夫。最终，根据建筑节能计算得出该项目的综合节能率为 77%，远优于节能 50% 的国家要求。

1) 墙体

外墙采用 250mm 厚加厚砂加气自保温砌块，外侧附加粘贴 55mm 厚岩棉板保温板，这样能有效增强外墙的保温性能，施工快捷简便，施工过程中保温砌体可与梁做平，避免了通常保温砌体外挑做法带来的施工不便及冷桥部位保温材料的搭接问题，并且有很好的防火性能。

内墙除交通核采用 200mm 厚加气混凝土砌块之外，剩余大空间办公室分隔墙均采用 150mm 厚带凹槽石膏板轻质隔墙，这种内墙材料安装及拆卸方便快捷，可大大减少重新装修时的材料浪费和垃圾。同时自重较轻，可减少结构造价。

2) 外窗

采用温屏 Low-E 中空玻璃窗，断热铝合金型材。温屏玻璃的性能优于同厚度的普通 Low-E 中空玻璃，具有减少热辐射和降噪的作用。在塔楼东、西、南三面外墙窗外侧均设有铝合金遮阳卷帘，在夏季可阻挡紫外线等强烈光线，除了能大幅减少外部热空气进入室内，还能够有效的调节室内光线。

3) 屋顶

保温采用 110mm 厚发泡水泥板，防火性能优越，并采用种植屋面做法。屋顶绿化的灌溉方式采用了喷灌和滴灌的方式，可有效提高灌溉效率和节约水资源。

4) 建筑沿四周设有窗井，可提高地下车库自然光的利用，辅助通风对流。

5) 采用光导技术

地下车库层在顶部及侧壁共采用 28 部管道式日光照明装置，能够将自然光引入地下，白天可大大减少灯具的使用；裙房屋面会议室屋顶设有 24 部光导管采光装置，经测算白天无需打开灯光，仅通过自然光即可满足使用要求；在管道内安装电灯附加组件，利用太阳能发电，通过日光调节器，晚上地面的光罩可作为草坪灯使用。光导管直径 55cm，可以防紫外线、防雨，是非常先进和灵活性很大的采光技术手段。

本项目地下 1 层及 3 层裙房顶采用屋面采光做法，地下 2 层至地下 4 层采用侧墙采光做法。

3. 结构采用的节能优化措施

现浇混凝土均采用预拌混凝土；

HRB400 级（或以上）钢筋作为主筋的比例为 96%，合理选用高强度钢材；

主楼及裙楼部分利用天然地基，采用了钢筋混凝土独立基础，降低施工难度，节省综合造价；

日光照明系统示意图（外部）

日光照明系统示意图（内部）

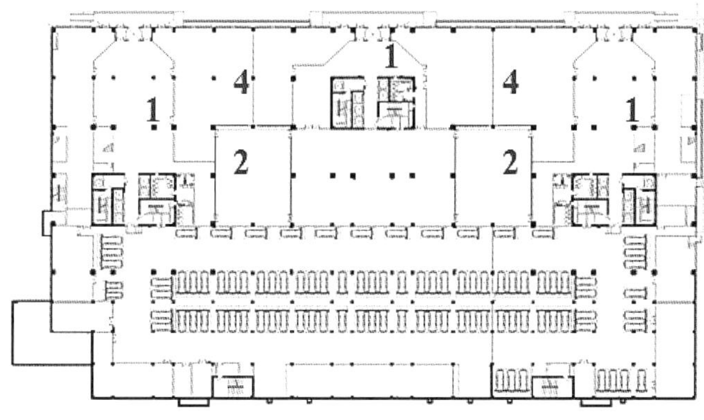

-1 层平面图

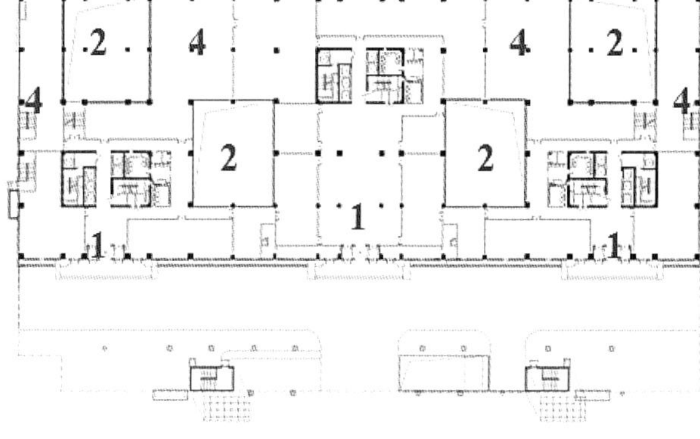

1 层平面图

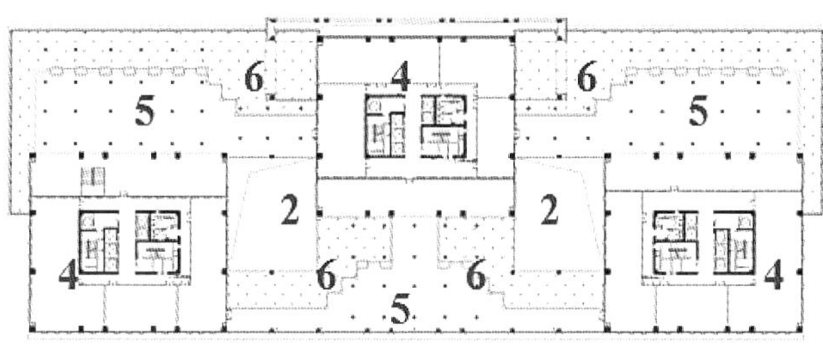

4 层平面图

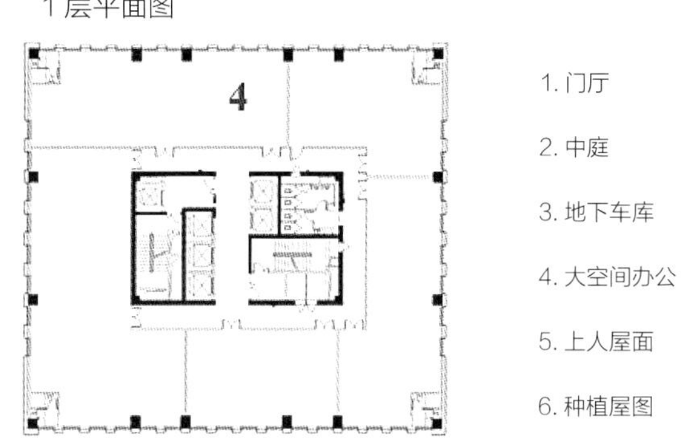

标准层平面图

1. 门厅

2. 中庭

3. 地下车库

4. 大空间办公

5. 上人屋面

6. 种植屋图

4 层裙房大空间屋面的设计采用钢筋混凝土预应力梁的混凝土楼盖，既满足屋顶花园防水的要求，也有效降低室内外热量交换，达到节能的标准。

4. 可再生能源利用

设计采用太阳能热水系统，热水用于公共卫生间洗手使用。每栋建筑物屋顶放置 300m^2 太阳能集热板，并设置 15m^3 热水箱，满足每栋建筑物 12.5m^3 热水使用量，通过系统循环控制，实现即时出热水供用户使用。

采用中水处理建筑产生废弃用水，可用于公共卫生间冲厕及室外绿化灌溉等。经计算，基本满足使用要求。龙奥金座项目排水系统拟采用雨污分流制。该区域污水管网部分进中水站，部分经化粪池处理后排入市区污水管网。中水处理后多余水量也排入市政污水管网，达到标准后回用。

5. 结语

龙奥金座项目设计从项目自身特点出发，因地制宜，采用了经济且有效的绿色节能措施，是对绿色节能建筑的一次探索。项目根据《公共建筑节能设计标准》的设计参数限值计算出的建筑能耗作为参考建筑能耗，通过围护结构全年能耗模拟，平面及空间布局的节能优化设计，太阳能的利用，照明节能设计，以及采用高效节能设备等节能策略的应用，综合考虑建筑采暖空调能耗与照明能耗，使设计的综合节能率远优于国家标准。通过本次实践证明，绿色建筑并不用增加很多成本，就可以节约大量的能耗。如此积少成多，便能够创造良好的社会效益与环境效益，实现真正的绿色设计。

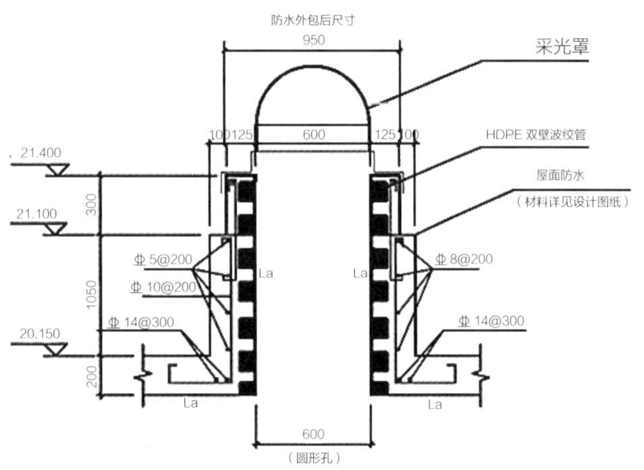

日光照明系统屋顶采光剖面图

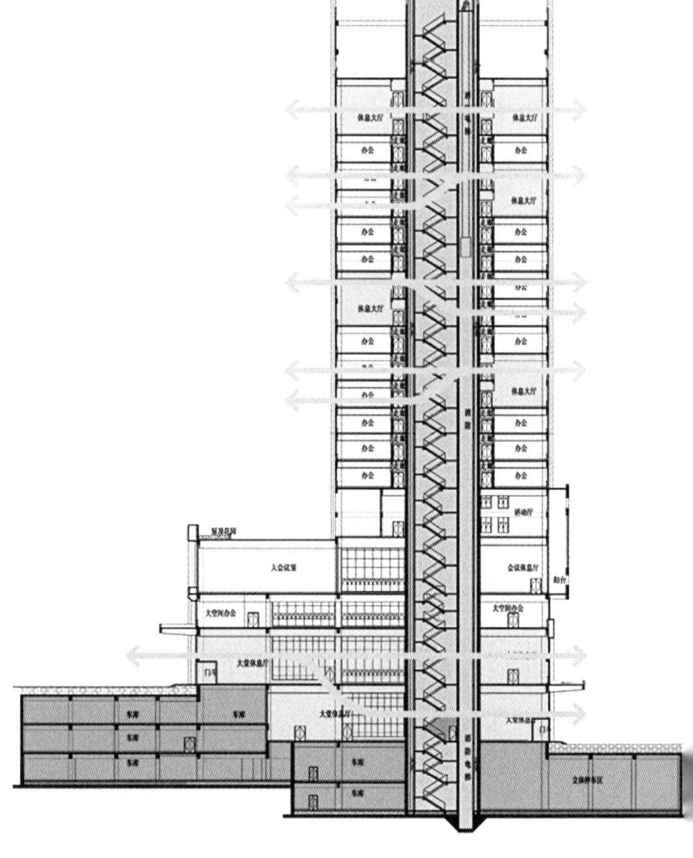

剖面图

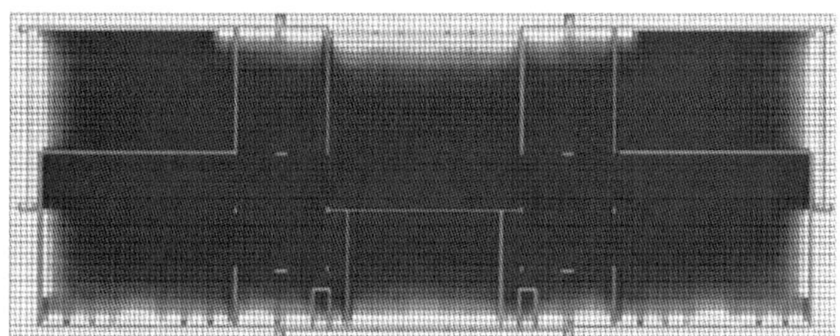

三层采光系数分布平面图

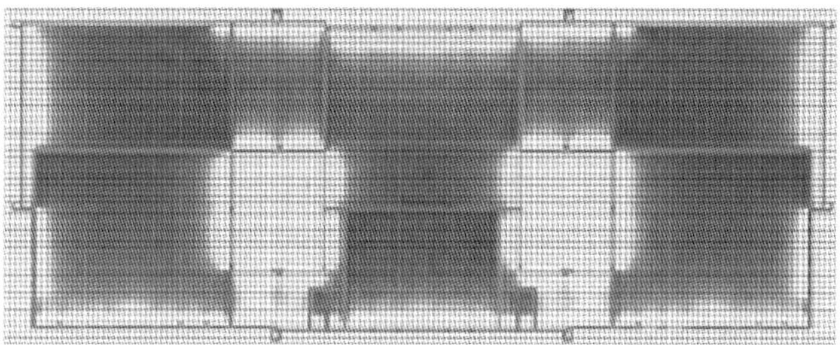

三层优化后采光系数分布平面图

后记

POSTSCRIPT

后记

这本书酝酿了许久，是回顾 35 年来的创作之路，还是总结建筑创作的思路？也算折磨了自己一番。最后决定重点叙述新中式建筑设计创作之路，也回顾一下我的现代建筑的创作体会和经历，不仅是因为这个火热的建筑市场，而是因为这个充满梦想的舞台，因为这个伟大的时代，更是因为我和我的团队要重新踏上征程，去学习、去探索、去践行。

建筑设计给了我那么多的荣誉和奖励，也让我眼界大开，又结识了那么多友人，探索道路虽然坎坷却也绚丽多彩，有些需要铭记，有些需要回味，著书立说，了却心结，释然！

在我本人和我的创作团队这些年来在创作和探索中，承蒙国内许多同行专家的关心厚爱而给予的热情指导和帮助，使我获益匪浅，深怀感激之情，在此谨致以崇高的敬意和衷心的感谢！

我再次感谢书中所涉项目创作团队中的每一位同事，他们的努力使得每一个作品熠熠生辉，这里有张冰、赵晓东、朱宁宁、郭真、张科栋、肖艳萍、孙丽丽、狄传广、王振亮、张生、王泽东、刘鹏杰、李兴、陈楠、崔怀列等。同时感谢成书的每一位同事的精心和认真，他们是董晓东、朱宁宁、黄明杰、魏义、赵娟、李冉、胡越、丁博文、吴英超、刘朋杰、曹绪姣、吕军等。

由于水平所限，书中不当之处，请专家及读者不吝赐教给予指正。再谢！

申作伟

2019 年 5 月 31 日于山东济南

Postscript

年表

CHRONOLOGY

设计作品获奖介绍

获奖项目	奖项名称	批准机关
北京优山美地·东韵生态住宅小区 C 区	2006 年度全国优秀工程设计金奖 2005 年度建设部城乡优秀勘察设计一等奖 2005 年度山东省优秀工程勘察设计一等奖	中华人民共和国建设部 中国勘察设计协会 山东省建设厅 山东省优秀工程勘察设计评选委员会
大汉·汉园——果园里的“中国院子”	2017 年度全国优秀工程勘察设计行业奖一等奖 2016 年世界华人建筑师协会居住建筑设计优秀奖	中国勘察设计协会 世界华人建筑师协会
北京优山美地·东韵生态住宅小区 A 区	2011 年度精瑞科学技术奖－建筑设计奖金奖 2008 年全国优秀工程勘察设计行业奖二等奖 2007 年度山东省优秀工程勘察设计一等奖	中华人民共和国科学技术部 北京精瑞住宅科技基金会 中国勘察设计协会 山东省建设厅 山东省优秀工程勘察设计评选委员会
大汉汉学院	2017 年全国优秀工程勘察设计行业奖二等奖 2015 年度山东省优秀工程勘察设计成果竞赛一等奖	中国勘察设计协会 山东省住房和城乡建设厅
沂南汽车站	2017 年全国优秀工程勘察设计行业奖二等奖 2017 年度山东省优秀工程勘察设计成果一等奖	中国勘察设计协会 山东省住房和城乡建设厅
沂蒙红嫂纪念馆	2017 年全国优秀工程勘察设计行业奖二等奖 城建集团杯·第八届中国威海国际建筑设计大奖赛特别奖—城建金牛奖；	中国勘察设计协会 中国建筑学会 威海市人民政府 山东省住房和城乡建设厅
山东省建设节能示范项目	2015 年度全国绿色建筑创新奖三等奖	中华人民共和国住房和城乡建设部
北京碧水源新中式生态小区	2015 年香港建筑师学会两岸四地建筑设计卓越奖 第三届全国民营工程设计企业优秀设计华彩奖金奖	香港建筑师学会 中国勘察设计协会

获奖项目	奖项名称	批准机关
临沂大学图书馆	2013 世界华人建筑师大奖 第四届全国民营设计企业优秀工程设计华彩奖金奖 2011 年度全国优秀工程勘察设计行业奖三等奖 2011 年度山东省优秀工程勘察设计一等奖	世界华人建筑师协会 中国勘察设计协会 山东省住房和城乡建设厅
临沂海纳置业曦园生态住宅小区	2016 年世界华人建筑师协会居住建筑设计优秀奖 第四届全国民营设计企业优秀工程设计华彩奖金奖 2010 年全国人居经典建筑规划设计方案竞赛规划、建筑双金奖 2011 年全国优秀工程勘察设计行业奖三等奖 2011 年度山东省优秀工程勘察设计一等奖	世界华人建筑师协会 中国勘察设计协会 中国建筑学会、环境保护部环境发展中心、中国建筑文化研究会 山东省住房和城乡建设厅
山东济南银丰财富广场	2014 年全国人居经典建筑规划设计方案竞赛规划、建筑双金奖 2017 年度山东省优秀工程勘察设计成果一等奖 2017 年全国优秀工程勘察设计行业奖三等奖	中国建筑学会 全国人居经典方案竞赛组委会 山东省住房和城乡建设厅 中国勘察设计协会
聊城东昌首府	2017 年优秀工程勘察设计行业奖“华彩奖”一等奖	中国勘察设计协会民营设计企业分会
可持续性发展住宅	2011 年 · 中国首届保障性住房设计竞赛二等奖	住房和城乡建设部住宅产业化促进中心 中国建设报社
嘉恒商务广场	第二届全国工程设计企业优秀设计华彩奖银奖 2005 年度山东省优秀工程勘察设计一等奖	中国勘察设计协会 山东省建设厅 山东省优秀工程勘察设计评选委员会
鲁能领秀城 M2 地块住宅小区	第五届全国民营工程设计企业优秀工程设计华彩奖银奖	中国勘察设计协会
平邑县天宇自然博物馆	第五届全国民营工程设计企业优秀工程设计华彩奖银奖	中国勘察设计协会

获奖项目	奖项名称	批准机关
山东抗日民主政权创建纪念馆	2017 年优秀工程勘察设计行业奖“华彩奖”二等奖	中国勘察设计协会民营设计企业分会
山东泰安东尊·优山美地度假区	2008 年全国优秀工程勘察设计行业奖三等奖	中国勘察设计协会
宁夏金沙湾中华黄河坛	2011 年全国优秀工程勘察设计行业奖三等奖	中国勘察设计协会
宿州经济开发区千亩苑保障性住宅小区	2013 年全国优秀工程勘察设计行业奖——全国保障性住房优秀设计专项奖三等奖	中国勘察设计协会
济南发祥巷小区	2013 年全国优秀工程勘察设计行业奖——全国保障性住房优秀设计专项奖三等奖	中国勘察设计协会
陶然居酒店	“建筑师杯”全国中小型建筑优秀建筑设计表扬奖	中国建筑工业出版社 中国建筑工业出版社《建筑师》编辑部
临沂棉纺厂文化中心	“建筑师杯”全国中小型建筑优秀建筑设计表扬奖	中国建筑工业出版社 中国建筑工业出版社《建筑师》编辑部
山东电力集团鲁能中心	2003 年度山东省优秀工程勘察设计一等奖	山东省建设厅 山东省优秀工程勘察设计评选委员会
龙奥金座	第二届山东省绿色建筑方案设计竞赛一等奖	山东省住房和城乡建设厅

获奖项目	奖项名称	批准机关
龙口城效民居设计方案	山东省“齐鲁新农居”农村住宅建筑优秀设计方案一等奖	山东省建设厅
章丘城郊民居设计方案	山东省“齐鲁新农居”农村住宅建筑优秀设计方案一等奖	山东省建设厅
一山一墅住宅区	2015 年度山东省优秀工程勘察设计成果竞赛一等奖	山东省住房和城乡建设厅
内装修——配件	2015 年度山东省优秀工程勘察设计成果竞赛一等奖	山东省住房和城乡建设厅
鹊顺 · 观邸住宅小区	2017 年度山东省优秀工程勘察设计成果一等奖	山东省住房和城乡建设厅
济宁大运河沿岸景观建筑设计	第四届山东省优秀建筑设计方案一等奖	山东省勘察设计协会
青岛游艇俱乐部	第四届山东省优秀建筑设计方案一等奖	山东省勘察设计协会
威海市档案中心	第四届山东省优秀建筑设计方案一等奖	山东省勘察设计协会
山东艺术学院艺术实践中心	第四届山东省优秀建筑设计方案一等奖	山东省勘察设计协会
潍坊白沙河建筑产业示范园	第五届山东省优秀建筑设计方案一等奖	山东省勘察设计协会

工作履历

- 1981 年 9 月至 1985 年 7 月，山东建筑工程学院城市规划专业学士学位
- 1985 年 7 月至 1993 年 3 月，临沂市建筑设计研究院设计室主任
- 1993 年 4 月至 1997 年 6 月，临沂市规划设计研究院院长兼总建筑师
- 1997 年 6 月至 1998 年 10 月，山东省城乡规划设计研究院院长兼总建筑师
- 1998 年 10 月至今，山东大卫国际建筑设计有限公司董事长兼总建筑师

荣誉称号

- 1989 年 05 月 山东省新长征突击手
- 1989 年 09 月 山东省建设系统劳动模范
- 1991 年 05 月 1990 年度全省建设系统先进工作者
- 1992 年 06 月 山东省优秀科技工作者
- 1994 年 06 月 山东省优秀共产党员
- 2003 年 01 月 山东省优秀建筑师
- 2004 年 12 月 山东省“十佳”注册建筑师
- 2004 年 01 月 济南市第一届城市规划委员会专家委员会委员
- 2006 年 03 月 2005 年度建设部部级城乡优秀工程勘察设计建筑组评审专家
- 2006 年 11 月 首届“山东省设计业十大杰出青年”
- 2006 年 09 月 山东大学客座教授
- 2007 年 12 月 山东省十佳注册建筑师

荣誉称号

- 2008 年 03 月 山东省十大杰出青年勘察设计师
- 2009 年 08 月 山东省工程设计大师
- 2010 年 03 月 烟台大学客座教授
- 2011 年 08 月 山东省“广厦奖”评选机构专家组组长
- 2012 年 10 月 山东建筑大学客座教授
- 2012 年 05 月 中国勘察设计协会建筑设计分会技术专家委员会委员
- 2012 年 10 月 当代中国百名建筑师
- 2012 年 09 月 2012 年度“中国建筑设计行业卓越贡献人物奖”
- 2013 年 10 月 中国 APEC 建筑师
- 2015 年 01 月 国务院政府特殊津贴专家
- 2015 年 05 月 济南专业技术拔尖人才
- 2015 年 12 月 山东建筑大学建筑学硕士校外合作导师
- 2016 年 04 月 青岛理工大学客座教授
- 2017 年 01 月 济南市工商联第十四届副主席
- 2017 年 03 月 中国人民政治协商会议第十四届济南市委员会委员
- 2017 年 05 月 中国勘察设计协会建筑设计分会第八届技术专家委员会委员
- 2017 年 09 月 2017 年度全国优秀工程勘察设计行业奖（建筑工程）评审专家
- 2017 年 11 月 中国勘察设计协会传统建筑分会副会长
- 2017 年 12 月 第四届济南市城乡规划委员会委员
- 2017 年 12 月 第四届济南市城乡规划委员会专家咨询委员会副主任
- 2018 年 10 月 山东省勘察设计协会副理事长
- 2019 年 03 月 第八届（2017 至 2018 年度）“广厦奖”评审优秀专家组长

图书在版编目（CIP）数据

申度筑境：申作伟建筑创作实践／申作伟著．—北京：中国建筑工业出版社，2019.9

ISBN 978-7-112-24035-7

Ⅰ．①申… Ⅱ．①申… Ⅲ．①建筑设计－作品集－中国－现代 Ⅳ．① TU206

中国版本图书馆 CIP 数据核字（2019）第 157971 号

责任编辑：李成成
责任校对：李欣慰
版式设计：董晓东　朱宁宁　赵　娟　雅盈中佳

申度筑境——申作伟建筑创作实践
申作伟　著
*
中国建筑工业出版社出版、发行（北京海淀三里河路 9 号）
各地新华书店、建筑书店经销
北京雅盈中佳图文设计公司制版
北京雅昌艺术印刷有限公司印刷
*
开本：880×1230 毫米　1/16　印张：21¼　字数：519 千字
2019 年 8 月第一版　2019 年 8 月第一次印刷
定价：265.00 元
ISBN 978-7-112-24035-7
（34542）